老旧街区绿色重构安全规划

李 勤 钟兴举 刘 韬 著

北 京

冶 金 工 业 出 版 社

2020

内 容 提 要

本书全面系统地论述了老旧街区绿色重构安全规划的基本原理与方法。全书共分 7 章，第 1~2 章分别阐述了老旧街区绿色重构安全规划的机理、基础与内涵；第 3~5 章着重探讨了既有建筑、管网、基础设施安全规划的原则、方法与模式；第 6~7 章则针对不同研究对象剖析了空间重构与文化传承的内容及规划设计要点。

本书可供从事城乡规划、建筑设计工作的专业人员阅读，也可供大专院校相关专业的师生参考。

图书在版编目（CIP）数据

老旧街区绿色重构安全规划／李勤，钟兴举，刘韬著．—北京：冶金工业出版社，2020.6
　　ISBN 978-7-5024-8413-2

　　Ⅰ.①老… Ⅱ.①李… ②钟… ③刘… Ⅲ.①社区建设—公共安全—城市规划—研究—中国 Ⅳ.① TU984.2

　　中国版本图书馆 CIP 数据核字（2020）第 071804 号

出 版 人　陈玉千
地　　址　北京市东城区嵩祝院北巷 39 号　邮编　100009　电话　（010）64027926
网　　址　www.cnmip.com.cn　电子信箱　yjcbs@cnmip.com.cn
责任编辑　杨　敏　美术编辑　彭子赫　版式设计　彭子赫
责任校对　石　静　责任印制　李玉山
ISBN 978-7-5024-8413-2
冶金工业出版社出版发行；各地新华书店经销；北京博海升彩色印刷有限公司印刷
2020 年 6 月第 1 版，2020 年 6 月第 1 次印刷
787mm×1092mm　1/16；12.5 印张；297 千字；185 页
99.00 元

冶金工业出版社　投稿电话　（010）64027932　投稿信箱　tougao@cnmip.com.cn
冶金工业出版社营销中心　电话　（010）64044283　传真　（010）64027893
冶金工业出版社天猫旗舰店　yjgycbs.tmall.com
　　　　　　　（本书如有印装质量问题，本社营销中心负责退换）

《老旧街区绿色重构安全规划》
编写（调研）组

组　长：李　勤

副组长：钟兴举　刘　韬

成　员：严　波　翟长宁　计亚萍　于光玉　孟　江

　　　　任秋实　郭　平　郁小茜　尹志洲　田伟东

　　　　崔　凯　周　帆　邱　巍　陈　旭　武　乾

　　　　孟　海　李慧民　田　卫　张　扬　贾丽欣

　　　　裴兴旺　李文龙　胡　昕　张广敏　郭海东

　　　　柴　庆　杨战军　华　珊　陈　博　高明哲

　　　　王　莉　万婷婷

前　言

　　老旧街区重构是近几年来城市更新与可持续发展的重要策略之一，本书深入分析老旧街区绿色重构安全规划基础理论及绿色重构安全规划内涵，从六个方面开展老旧街区绿色重构安全规划的研究，并通过实际案例进行了理论实践与分析。

　　全书共分为7章。第1章从老旧街区内涵、现状与发展、绿色重构内涵、安全规划内涵等方面阐述了老旧街区绿色重构安全规划的机理；第2章从老旧街区既有资源踏勘、绿色重构设计、项目安全规划以及安全规划价值评定四个方面阐述了老旧街区绿色重构安全规划的基础理论；第3章对老旧街区既有建筑安全规划进行了阐述，主要内容包括老旧街区总平面规划、既有建筑改扩建设计、既有建筑结构加固、电梯设置以及外立面改造；第4章从给排水管网、供暖管网、供气管网、供电管网的规划设计四个方面进行分析，探讨了老旧街区管网重构安全规划的设计要求与布置要点；第5章对老旧街区基础设施安全规划进行了研究，主要内容包括道路交通安全规划、交通设施规划设计、消防设施更新改造、无障碍规划设计以及公共卫生规划设计等；第6章着重分析了老旧街区空间内特色元素的安全规划，对地下空间升级改造、特种构筑物再生重构、历史文物保护传承及街区绿化规划进行了讨论；第7章主要从街区文化广场规划、街区出入口规划、街区服务中心规划以及街区展馆规划设计等方面对老旧街区社会文化安全规划进行了分析，利用不同工程案例进行了实证分析。

本书主要由李勤、钟兴举、刘韬撰写。其中各章分工为：第 1 章由李勤、钟兴举、刘韬撰写；第 2 章由计亚萍、严波、田伟东撰写；第 3 章由李勤、于光玉、翟长宁、崔凯撰写；第 4 章由李勤、钟兴举、郁小茜撰写；第 5 章由孟江、钟兴举、尹志洲撰写；第 6 章由李勤、任秋实、周帆撰写；第 7 章由郭平、李勤、邱巍、刘韬撰写。

本书的撰写和出版得到了北京市教育科学"十三五"规划课题"共生理念在历史街区保护规划设计课程中的实践研究"（批准号：CDDB19167）的支持，另外，在撰写过程中还参考了许多专家和学者的有关研究成果及文献资料，在此一并表示衷心的感谢！

由于作者水平所限，书中不足之处，敬请广大读者批评指正。

作　者

2019 年 11 月

目　　录

1 老旧街区绿色重构安全规划机理

1.1 老旧街区的内涵

1.1.1 老旧街区的界定

街区作为组成城市空间的基本单元，是由周边建筑、街道、服务设施及其他开放空间有机组合的空间，是居民生活的区域，承载着日常生活需求，同时也是产业的物质容器，为城市发展的物质结构支撑。街区按照功能可划分为商业街区、文化街区、工业街区、办公街区以及居住街区等，具有开放性特点。

老旧街区是一个相对的概念，具有一定的时段性和相对性。相对于新街区而言，其是指在城市发展过程中，伴随着城市中心迁移、交通与自然环境改变、街区设施逐渐损耗等原因，出现没落的区域。在时间尺度上，老旧街区年代较远，承载着城市记忆，具有重要文化、考古价值，堪称一部记录了城市文化传承与城市变迁的教科书。

老旧街区与历史街区相比，二者在物质环境与空间概念上有较大区别。从使用性质上而言，老旧街区是城市居民居住、生活的场所，街区空间环境仍保留着我国早期城市建设的形式，并随着城市发展而逐渐进入更新改造或拆迁的状态，如图 1.1 所示。而历史街区则随着旧城更新或历史文化街区的保护措施而予以保护、修缮，并赋予更多的文化展示及休闲商业功能，因此历史街区的居住与生活功能较低，如图 1.2 所示。

图 1.1　老旧街区一角　　　　　　　　图 1.2　历史街区一角

历史街区具有明确的概念与保护规范，老旧街区则相对缺乏。目前对于老旧街区的描述多以不卫生、混乱、设施缺乏、居民组成复杂等直观性描述为主，缺乏系统性概念的阐述。我国学者有关老旧街区相关研究多集中于旧建筑物防灾及老旧建筑物特征、老旧街区住宅建筑防灾、老街街区风险评估等方面。

通过相关分析，将老旧街区定义为：在城市发展进程中，由于产业没落、城市变迁或城市规划，经时间洗刷，出现建筑风貌不在、设施老旧、街道破损，且目前不能满足住户日常生活、不适于工业生产、不适宜城市发展的街区。

老旧街区重构是近几年来城市更新与可持续发展的重要策略之一，其以修复后重新投入使用为基本原则，采取相关重构方法及手段为老旧街区重新注入活力，维持文化、物质的可持续性，以更好地与城市相融合。因此，结合老旧街区自身的功能结构，重新定位其与城市的关系，有针对性地进行功能重构，解决以往存在的问题。

1.1.2 老旧街区的特征

1.1.2.1 区位特征

由于历史原因，建成年代较早的老旧街区一般根据不同工作人群的工作地点划分，俗称的"机关大院""厂区大院"等，这些街区多临近老城区的行政办公区域，或老旧工厂区域，街区内的场所类型种类有时会相当繁多，囊括老旧街道、老式小区建筑物、公共绿地、公共活动区域等多种空间类型。由于以往城市规划的限制，老旧街区具有建筑密集、居住人口多、建筑功能置换等特征。

（1）建筑密集，人口密度高。老旧街区位于老城区，建筑以低层和多层为主，建筑密度较高。以西安市建东街附近为例，其附近聚集了 10 多家企业，家属区的建筑多为低层砖混结构，如图 1.3 所示，建筑密集分布。而其在城区相对低的租金又常常吸引流动人口来此居住，使其成为流动人口的聚集地。为了追求经济利益，房主往往将一户住房拆成两至三户同时出租，更有甚者私自在屋顶或屋前加建建筑，如图 1.4 所示，导致建筑密度高、居住人口密度高的现象。

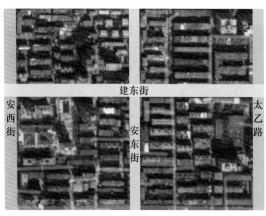

图 1.3 西安市建东街

图 1.4 建东街底商

（2）住户类型。从居民角度看，街区是以一定地域与日常活动范围为基础，同时在情感上具有一定牵绊的场所空间，老旧街区居民一般具有相似的生活经历，从而形成相似的生活习惯和生活方式。

1.1.2.2 建筑特征

我国城市现存老旧街区建筑大多建造于 20 世纪 70 年代以后,建筑形式大致分为两类:一是以多层为主的仿苏联式的联排板楼,如图 1.5 所示,这类建筑具有外立面统一、小单元、小户型、窄楼梯等空间小的特点;二是以居民自建低层院落式建筑为主,如图 1.6 所示,这类建筑多为砖结构和砖混结构,有少部分为木结构。

图 1.5　联排板楼　　　　　　　　　图 1.6　低层自建建筑

老旧街区内建筑当时限于经济条件和缺乏设计标准,缺少安全方面的考虑。经过多年的风吹日晒雨淋,建筑外墙面损坏脱落、门窗破损,承重构件有所损坏,抗灾性能大大降低,严重威胁居民的生命和财产安全。而且此类建筑耐火等级低,人为用火、超负荷用电等极易引发火灾,火势很容易迅速蔓延。

从功能角度看,不同类型、不同区位的老旧街区在功能上存在许多问题:道路拥挤、环境质量较差、公共设施落后损坏、交往空间不足、空间结构日趋封闭、空间形态单一,街区现状既不能有效满足居民生活需要,同时又忽视人作为居住空间的主体地位,阻碍了居民生活质量提高。

由于居住人口结构改变,老旧街区部分建筑的功能格局也随之改变。为了适应流动人口的生活需求,沿街道的建筑一层往往变成零售、餐馆等商业功能,增加了火灾风险。

1.1.2.3 环境特征

A 街道空间狭小

老旧街区多存在建筑密度高、空间尺度小、道路形式简单、路网密度低、街道逼仄狭窄等问题,如图 1.7 所示,有些老旧街区还存在布袋巷,不能满足防火安全的需求。老旧街区的居民私搭乱建情况普遍存在,再加上老旧街区缺乏管理,居民安全意识低,安全疏散通道存在堆积杂物的情况,不仅使得高密度的人群在短时间内无法疏散,而且各种消防救援难以进入,存在严重的安全隐患。

B 避难场地缺乏

老旧街区普遍缺乏足够比例的开放空间,仅存的少量开放空间已成为车棚、贩卖摊。由于老旧街区建造年代较早,规划设计严重滞后,并未设置地下车库,仅规划了少量地面车位,但随着人均汽车保有量的增加,现有的车位远不能满足需求,于是出现大量路边停车、占用公共空间的现象，如图 1.8 所示，使得疏散通道和避难场地在灾时不能正常发挥作用。

(a)　　　　　　　　　　　　　　　　　　(b)

图 1.7　街道空间狭小
(a) 街道（一）；(b) 街道（二）

(a)　　　　　　　　　　　　　　　　　　(b)

图 1.8　占用公共空间
(a) 空间（一）；(b) 空间（二）

1.1.2.4　设施特征

老旧街区目前的电力、能源及市政设施是在当时设计建造的基础之上新建或改造形成的。随着生活水平的显著提高，这些设施已不能满足现有的使用负荷与要求，而且老旧街区的设施已严重老化，不但满足不了人们当前生活的需求，还存在大量安全隐患。

A　电力设施

街区功能置换之后，用电设备增多，用电负荷已远超出当时设计的荷载值，对供电功率、供电设备提出较高要求，过重的电负荷加速电线路的老化速度。另外，老旧街区住户私接电线现象十分严重，电线如蜘蛛网股纵横交错，如图 1.9 所示，电线接头多、质量差且超负荷工作，容易引发火灾。

B　能源设施

大量老旧街区能源供应仍未实现天然气覆盖，部分地区以液化石油气、电力甚至煤炭为能源，液化石油气在运输与使用过程中存在一定危险，煤炭在存放时不仅需要占用大量公共空间，而且形成巨大安全隐患，如图 1.10 所示。

图 1.9　电线交错

图 1.10　液化气罐

C　市政设施

老旧街区建设年代较早，存在着市政设施管线铺设不规范、设施老化损伤等问题，供水供气管线爆裂事故时有发生。同时老旧街区排水设施设计不合理，排水方式老旧，如图1.11 所示，排水渠道缺少维护，排水能力低，且路面多为不渗水材料，在暴雨季节经常造成街区路面积水、房屋浸水等问题。

D　消防设施

老旧街区存在消防通道不畅、消防水源缺乏等问题，供水管道管径小、水压低，达不到消防用水需求，导致救援和灭火等消防活动难以顺利展开，如图 1.12 所示，加重了老旧街区的火灾危害性。老旧街区内的公共消防设施严重缺乏，且由于缺乏管理，多数已经"栓去箱空"。有些消防设施陈旧，与消防部门的灭火装备不匹配，影响救援行动。老旧街区缺乏新型火灾报警装置，导致无法在火灾初期实现控制，加剧了灾害的扩大蔓延。

图 1.11　排水管破损

图 1.12　消防栓受阻

1.1.3 老旧街区的分类

1.1.3.1 分类依据

仅凭基本概念难以界定老旧街区，为区分老旧街区与其他街区的差异，以明确老旧街区的定位，为重构安全规划提供分析基础，界定老旧街区分类的依据主要包括以下三方面：

（1）建筑物。老旧街区内建筑的主要功能以居住为主，并存在少量商业，建筑密度高。建筑层数多为7层及7层以下，出入依赖公共楼梯，楼梯通道狭窄且有物品堆积，缺乏电梯。建筑结构以砖混和钢筋混凝土为主，建筑年龄多在20年以上，存在损伤现象。

（2）街道。街道组织复杂，一方面体现为交通组织错乱，另一方面为底部商业混乱。巷道作为进出街道与居民点的联系通道，平时堆积物多，且部分被占为停车场所。人行道被占用或大量损毁。底商占用路面现象严重，私接、乱拉电线，液化气罐随意摆放，严重影响街区安全。但由于建造年代久远，街道两侧的树木高大，有一定绿化效果。

（3）基础设施。街区内的主要基础设施包括给排水设施、供电设施、供热设施、消防设施等。部分排水管外泄，井盖孔堵塞，商店任意倾倒废水，造成地表污染及排水拥塞。电线捆扎混乱，且电杆高度低，易致灾。街灯数量不足，巷道黑暗。临街小型餐馆或摊位使用液化气罐的现象较多，并将其摆放在人行道上。

1.1.3.2 按建造年代分类

街区自使用之日至今受到风吹、日晒、雨淋等自然因素的破坏，经人的起居、工作等人为因素的磨损，而且在城市发展的进程中因社会因素发生加建或部分改造，最终导致街区日益危旧。

1.1.3.3 按建筑功能分类

较小尺度的街区以往能够满足城市居民的多种需要，随着经济发展，人民的生活水平有了较大的改善，居民的需求也跟着时代的发展而增加，老的街区的功能已经不能满足使用者实际的需求。因此老的街区出现了居住区与商业区并存的状态，在一定时期内，这符合居民的生活要求。但目前而言居民更注重追求物质住区与精神住区的分离。因老的街区不足以满足时下居民与产业的需求，由此形成街区的功能性落后。

因此，根据街区内建筑的功能，将老旧街区分为居住街区、商业街区、文化街区以及最为常见的混合街区，混合街区的归属较为模糊，该类街区是住区、商业区、文化区的融合。

1.1.3.4 按城市发展分类

城市的发展包括城市面貌、城市经济、城市功能以及城市文化的发展。老旧街区往往处于发展落后、人口密度较高的中心区域，破旧的街区面貌对城市形象造成了一定的消极影响。但老旧街区周边配套较为完善，土地资源价值得到提升，但老旧街区本身的物质环境条件与其在城中心的土地价值不相匹配，浪费了极有价值的土地资源，对城市的经济发展造成阻碍。

1.1.3.5 按街道布局结构分类

老旧街区空间的布局形式按照街道的结构可以分为几下几种类型：

（1）直线型。直线型街道往往平面规整、布局严谨、构图对称、极具方向性和街区导向性，街区内主要的景观也是沿着这些笔直而又一览无余的街道展开，如图1.13（a）所示。以此形成的街区，往往在街道的尽端加以封闭，添加公共建筑物、小型广场和公共活动空间等，营造一定程度的场所感，削弱街道的单调感。

（2）曲线或折线型。以这种街道类型形成的街区布局形式自由多样，构图大多不对称，街道空间曲折多变，视点随着街道的不同画面不断变化，眼前的景象亦是不断地变动着，给人一种迷离、期待和耐人寻味的空间效果，如图1.13（b）所示。这种类型的街道空间往往出现在南方的一些不规则老旧街区内，具有较强的可识别性。

（3）沿河而成。街道邻水而建，直线与曲线相交互，如图1.13（c）所示。此类街区多出现在江南水乡，与江南水乡的居民生活方式分不开。沿街的河道既是街区主要的景观特征，亦是商业行为的云集之所。河道不仅仅充当景观用，更重要的是承担街区的交通功能，同时还是街区内居民日常生活聚集、交流的主要场所。

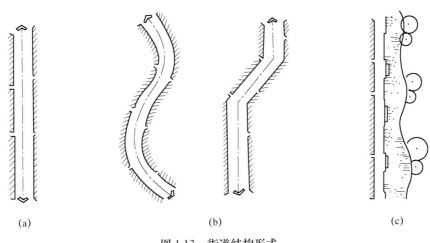

图 1.13　街道结构形式
(a) 直线型；(b) 曲线或折线；(c) 沿河而成

1.1.4　老旧街区的元素

虽然老旧街区由于历史背景、空间类型、地域文化、生活习惯的不同而形成自身独特的风格特色，但是其主要的构成要素却大体相似。老旧街区的元素按照物质元素和非物质元素主要包含街区建筑、街道、公共空间、文化形态及社会结构。

1.1.4.1　街区建筑

街区建筑是老旧街区中的主要物质要素，包含了居住建筑、公共建筑和构筑物。街区内建筑的风格表达了一个城市曾经的历史沧桑，具有极高的可识别性和深深的文化烙印。

建筑立面造型构成了街区立面的统一连续性，建筑的色彩和外型决定了其整体的地域场所特征,如图 1.14 所示的重庆市涂鸦街。街区建筑往往成片存在,居住性街区以民居为主,而商业性街区则以店铺为主,建筑的功能和形式大致相同,建筑与建筑的凹凸关系和不同组合,构成了街区的整体肌理和完整的街区风貌,如图 1.15 所示。分布在街区内部的公共建筑,包括学校、牌坊、展览馆、医院等,构成了街区住户日常社会活动交流的中心。街区内存在的构筑物显示了其过往的功能,如水塔、烟囱等。

建筑特殊的装饰还反映了一个街区独有的建筑个性,可直观感受到街区的场所环境。

图 1.14　重庆市涂鸦街　　　　　　　图 1.15　广州荔枝湾路

1.1.4.2　街道

街道由街区两侧的建筑、院墙、植物等围合而成,组成街区的整体骨架,街道空间受限于建筑间距离与高度,由于建筑的不断建造而形成的空间形态。街道的走向和布局充分体现了老旧街区的空间构成特征。

图 1.16　北京前门大街

街道的主要功能就是交通组织,街道联系着街区内各个院落,提供了街区居民社会交往的空间。同时也是街区内车辆通行的空间,将整个街区形成有序的空间序列。街道的第二个功能是提供商业活动场所,街区内部的商业行为大多发生在主要的街道空间内,兼具商业性和交通性,这种功能往往存在于传统的商业街区内,人流密集而形成商业市场。例如北京前门大街,如图 1.16 所示,街市的两侧主要由商业建筑围合而成,商铺沿街展开,街区建筑往往都是半开敞的,底层开敞便于实现主要的商业买卖功能。

同时,在老旧街区中,街道是生活空间,如图 1.17 所示。由于部分街道由封闭的院墙式建筑分隔,空间尺度较小,街道两侧基本由居住建筑夹持而成,满足居民的私密性的要求。

街道空间就像是人的骨架骨骼一般构成了老旧街区的基本支撑,它组成街区的空间序列，架构起了街区整体的结构体系；街道空间借助屋檐、外廊、通道、骑楼等形成的"灰空间"，实现了由公共空间到院落空间的具有层次的空间序列，丰富了街道的空间形式与虚实变化；老旧街区的街道地面铺砖往往极具特色，不论是青石板还是鹅卵石，它们都与街区内整体的艺术气质和地理环境融为一体，记录着街区的荣辱兴衰，使街区极富连续性，构成了街区独特的气质和地域文化。

图 1.17　街区生活空间

1.1.4.3　公共空间

对老旧街区而言，供给人们聚会、休憩、进行交往活动的公共空间甚少，一般都是以节点的形式出现。节点空间的功能主要聚焦于街区内部居民的公共活动，是老旧街区内部主要的空间连接点和过渡点，是市井生活片段的主要场所，同时也是塑造老旧街区整体风貌的重要景观节点，如图 1.18 所示。

公共空间是街区的重要标志，也是高潮部分，通常位于街区的起始点、交汇点、转折处或者大型公共建筑的入口处。它们往往会结合一些桥、井、牌坊、茶馆、戏楼和宗教建筑等，对于较大的空间还可以扩展为街区中心或者小型广场。这些空间的凝聚丰富了街区空间的序列和文化内涵和街区特色。

不同于一般街道的相互垂直、板正严谨，老旧街区的街巷空间本身曲曲折折，因此街巷的节点形式也随着街巷的错位含蓄而富于变化，除了十字型的交叉形节点外，还有风车型、丁字型、人字型等相交的节点形式，如图 1.19 所示。这种节点空间往往人流比较集中，商业往来与习俗活动较多。

图 1.18　街区景观节点

图 1.19　街区交叉节点

1.1.4.4　文化形态

街区文化是在漫长的发展过程中不断沉淀和滋养而来的。不同地域、不同时期、不同民俗、不同的文化背景和生活理念在街区内融会贯通，形成了极具特色的街区文化。

由于地域差异，不同地区形成了各具特色的地域风格的建筑空间组合、建筑形式和建筑装饰风格等。同时，不同时期所运用的营造方式，更表现出极具自身地域特色和特征清晰分明的文化形态，衍生出不同的街区文化景观。

老旧街区是城市发展中文化发展的物质载体，充满生机的市民文化在街区中得到充分的体现。富有街区特色的文化活动在街区内集中的空间上演，如戏台、广场等。同时极具地方特色的民间活动，比如春节灯会、闹花灯、等也沿着街区内展开。多样化的生活方式延续了人们的群体记忆，丰富的居民文化的同时构成了一个有温度的场所空间。

1.1.4.5　社会结构

社会网络是指社会个体成员之间因为互动而形成的相对稳定的社会联系，不仅包含了人与人之间的直接互动关系，还包括了共同享有物质环境和文化的非直接关系。

随着城市的不断变迁，老旧街区的空间结构在一段时间内保持相对的稳定，由此形成了相对稳定的社会关系与社交网络。在老旧街区内，社区性活动与社会性活动都有赖于人们日常的人际交往和信息流通。老旧街区内常见的交往活动包括聊天、下棋、锻炼、晒太阳等，活动场所多以公共空间为主，但不固定，易受周边环境影响，具有较大的随意性和自由性。

1.2　老旧街区的保护

1.2.1　老旧街区的源起

1.2.1.1　城市问题急需解决

改革开放以来，我国经济发展的成果已有目共睹。随着社会经济的发展，城市规模也越来越大，资本、信息、人才快速流动，随之而来的是社会节奏的不断加快和城市建设的迅速扩张。

在汽车交通出现前，城市街区与人之间是一种密切而和谐的关系，人的交通方式主要是步行，邻里交往是日常生活不可缺少的部分。工业化以来城市人口迅速聚集，导致城市尺度迅速扩大，而汽车和其他快速交通方式的发展更加剧了这种现象。城市，不再是人依靠自身能力所能掌握与体会的对象。这是人口增加和经济发展的必然结果，但导致了传统城市空间秩序的丧失、城市结构的瓦解、街区归属感和场所精神的衰弱、人与人之间关系的疏远。

目前，面对城市问题日益严重，以及人口老龄化程度不断加剧，土地资源日益紧张等问题，城市发展应走由外延转向内涵的可持续建设思路。

1.2.1.2　城市发展的需要

随着我国城市化进程的加快，土地资源日益紧张。旧城改造更新的大规模快速开展，在城市建设高速发展的今天已是必然趋势，这其中包括大量老旧街区的改造与更新。全国各城市都有许多老旧街区存在建筑布局混乱、结构损坏严重、交通拥堵、环境恶劣等问题，在新的城市发展时期已无法满足人们现代生活的需求和城市的发展需要，甚至危及城市特色和历史遗产的保护与继承。因此，城市街区作为组成城市和承载人们日常生活的基本单元，老街区作为城市历史文脉的根基，其复兴是一个需要探索的重要课题。

然而在我国已经实践的一些老街区改造过程中，大规模的推倒重建和脱胎换骨式的更新，使一些城市的历史文化遭到了巨大的破坏。同时，老旧街区复兴和历史文化保护也在经历了"开发破坏""孤立保护""拿来主义"等不合理的策略之后，正逐渐走上发展与保护并存的模式。因此，老旧街区复兴的首要任务是要明确物质复兴和历史文化传承如何相辅相成，以及文脉与场所精神如何保存并与经济和谐共生。

1.2.1.3　政府的政策支持

《中共中央国务院关于进一步加强城市规划建设管理工作的若干意见》为城市建设提供了指导，其中明确提出："加强街区的规划和建设，推动发展开放便捷、尺度适宜、配套完善、邻里和谐的生活街区。新建住宅要推广街区制，原则上不再建设封闭住宅小区。已建成的住宅小区和单位大院要逐步打开，实现内部道路公共化，解决交通路网布局问题，促进土地节约利用。"在政策指导下，街区建设在新时期的城市建设中被赋予了更加重要的地位，街区层面的研究和实践对于解决快速城市化导致的若干问题具有重要意义，作为承上启下的中间层级，街区问题的解决必然是改善城市问题的有效途径。

1.2.1.4　传承城市文化的必要性

"推倒重建""拿来主义"是城市加速发展影响下已经实践的许多旧城改造中常见的不利于城市发展的消极手段，不仅在我国，欧美发达国家不同时期同样出现过类似的现象。在全球化影响下，资源、人才、信息快速流动，加深了城市同质化程度，也为"拿来主义"提供了更易实现的土壤。场所精神是一个城市街区最重要的因素，是融合了城市历史文化内涵与特色的城市肌理的外在表现，应该充分重视并延续这一特色。由"城市触媒"策略推进的城市结构的改革是持续和渐进的，并不会损害城市文脉，保护了承载和扩展城市历史文化内涵的物质基础，对城市肌理的保持有积极作用。快速城市化导致我国"城市病"现象加重，城市建设面临战略转型，必须对现有的发展模式予以反思。

1.2.2　老旧街区的现状

1.2.2.1　房屋破损

由于过度使用、常年缺乏维护以及居民使用中的破坏，不少老旧街区的房屋老化严重、十分破败。除了部分被纳入城市更新项目的老旧街区可以得到重新涂装和整修，大部分老旧建筑情况不容乐观。

街区中大量老旧建筑存在破损、砖石墙面脱落、维护窗生锈破损等问题，如图1.20所示。这些老旧建筑室内采光差、卫生间渗水、污损，住户有修复与改建行为。由于忽视对建筑的维护工作，导致老街内的很多建筑损毁严重，不能够使用与居住。在人口减少和老龄化的影响下，由于建筑的维护缺乏人力和财力，进一步加剧了房屋老化的情况。

图 1.20　外墙破损

(a) 外墙立面（一）；(b) 外墙立面（二）

1.2.2.2　设施不全

由于建造时间早，又缺乏后续建设，公共基础设施相较城市空间差距巨大。在交通系统上，老旧街区的车行系统很不完善，车辆很难进入街区内，且通行很不顺畅。与此同时，老街给予非机动车的停车空间也十分缺乏，大量非机动车的停放占据了道路与公共空间。机动车和非机动车的停车场地也很缺乏，机动车普遍占用城市公共交通资源，非机动车通常能够进入街区内，但缺少停车空间，占用了为数不多的开敞空间和街道、巷道空间，使原本就局促的交通空间更为拥挤，如图 1.21 所示。

图 1.21　缺乏停车空间

(a) 空间（一）；(b) 空间（二）

拥挤的交通系统也带来了消防问题，由于消防车难以通行，火灾的风险和扑救的难度大大增加。

给排水、供电、供热等问题使得老旧街区的生活品质远远落后于其他城市空间，生活质量低下，因此老旧街区对于居民的吸引力很低。

1.2.2.3　发展不平衡

随着现代化的发展，城市老旧街区中也出现了两极化现象，大量资源逐渐向部分空间集中。在城市老旧街区与外界的物质、能量和信息交换中，由于与城市相连接的空间能够得到更多的资源，因此内部资源往往向空间边缘汇聚，甚至由于内部空间对资源的吸引力不足，内部的资源逐渐从城市流出，导致城市老旧街区内资源越来越少，发展动力进一步减弱。

老旧街区内商业主要以低端手工业、五金、日用小商品等为主，商业模式与业态显然不是面向城市生活的，低端的产业模式阻碍了老旧街区的发展，如图1.22所示。

图1.22　街区内低端业态

1.2.2.4　常住人口少

老旧街区中的原住民所剩不多，剩下的原住民以老人、儿童以及没有能力迁进新住区的家庭为主。此类人群的收入水平普遍较低、缺乏必要的社会保障。

同时，尽管生活条件较差，但便捷的生活环境、便利的通勤方式、贴近城市中心的优越区位，使城市老旧街区吸引了大量外来务工人口，通常以服务业从业者、体力劳动者等需要居住在城市中心的低技术工作者为主。由于城市老旧街区的生活成本低、正规管理少，很多流动商贩、低收入者、老人、新入职员工等低收入者也会选择街区内的廉价住房居住。因此，城市老旧街区中人员的组成结构相对复杂，由于各类人群拥有不同的生活方式、个人素质、成长背景等多种因素，导致城市老旧街区缺乏统一的治理方式和协调组织，内部生活环境较差，大部分城市老旧街区成为了城市中心的消极空间。

原住民的迁出使得街区的组织能力下降，外来人员对街区房屋的租赁使得街区人口流动性变大，街区人际关系淡漠，存在隔阂，邻里交往行为大量减少。人员复杂与相互不了解导致居民安全感降低，不信任加深，以至于街区活力缺失。居民间的冷漠关系发展为对街区公共环境和公共事务的漠视、居住环境的恶化、街区功能认同感的降低。

1.2.3　老旧街区的重构

1.2.3.1　改善街区的空间秩序

老旧街区虽然处在持续退化之中，但是其内部空间仍存在有规律的生长和演变。在其重构过程中，改善其空间秩序是必不可少的。街巷与街巷的组织和衔接、街巷与住区间的关联等街区各空间要素之间的内在规律，表达了相同文化背景下居民的生活逻辑。

老旧街区内往往具有分明的生活空间序列，从公共空间、半公共空间到半私密空间，再到私密空间，具有一定的空间秩序，如图 1.23 所示。因此，在重构过程中，分析空间秩序，形成良好的空间规划是关键环节。

在进行老旧街区更新与改造的过程中，对于街区内部现存的建筑、街巷、里弄、院落等应深入地进行分析和评论，在现有的基础上挖掘其清晰的虚实结构、空间序列、场所精神以及空间环境；厘清街区空间的定位和组织结构、空间的肌理布局以及建筑群体之间的逻辑关系，如图 1.24 所示，尤其需要重视老旧街区空间与城市现代空间的衔接，将其有机地融入现代化的城市生活中，这才是老旧街区空间秩序的真正延续。

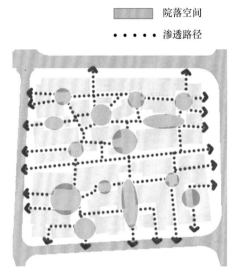

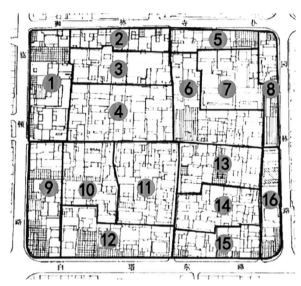

图 1.23　空间秩序重构　　　　　图 1.24　街区内空间划分

1.2.3.2　协调街区整体风貌

老旧街区的整体风貌是街区创造者对其生产生活方式的充分表达，街区在初创之时往往融入了前人浓烈的艺术情感，好的街区风貌具备可标识性，通常能够唤起人们的情感和热情，并且是不可替代的，同时内化于城市的整体风貌中，因此，保护和协调街区整体风貌是老旧街区更新与改造的重要目标。

在老旧街区的改造与更新过程中，不仅要保护已有的传统区域，更是要针对更新改造区域的控制和引导来协调老旧街区的整体风貌。街区内新建建筑的高度、体量、空间结构、风格色彩等应能较好地融入街区整体的建筑风格，使其与街区内留存的老式建筑在建筑色彩、整体风格、体量尺度和群体空间关系上保持协调一致，塑造出一个完整的街区风貌。

1.2.3.3　传承街区的历史文脉

老旧街区的文化内涵依附于实体的物质而存在，街区并不仅仅是因为历史悠久而具有历史性和可传承性，而是因为其所承载的文化模式和价值体系早已植根于城市生活之中，在这里可以清晰地看到时间的线索，具有永恒持久的精神内涵，这才是老旧街区的历史文脉之所在。传承街区历史文脉是老旧街区改造与更新中非常重要的目标。

因此，在老旧街区重构中不仅仅要注重以上针对建筑、整体风貌的描摹，更要挖掘街区原有的建筑文化、场所精神、历史记忆，并且重视更新与改造的现实意义，重点体现其内在神韵，使新旧文化在根本上保持延续与交融，在现代化的城市背景之下，获得其独具魅力的文化内涵和浓厚的地域特色。

1.2.3.4 赋予街区经济活力

老旧街区的兴盛来源于商品市场的振兴，不论是过去的开放式街市，还是后来的商业化街区，都与经济行为有着密不可分的关系。

老旧街区在一定程度上也是消费空间，街区需要在消费中得以生存与发展，所以，仅仅赋予街区单纯的居住功能已经不能使其融入现代化的城市中，还需要采取一些改造与更新的策略来刺激其经济活动，比如观光旅游、商业开发、使用功能的置换、博物馆式的保护性开发等。因此，老旧街区再生的目标就是掌握街区深层的经济运行规律，将其独到的历史风貌充分转化为经济价值，使城市消费活动内化于老旧街区内，赋予街区以经济活力。

1.2.4 老旧街区的传承

1.2.4.1 文脉表达的意义

（1）老旧街区重构是文脉的核心表现。随着经济全球化的发展，各个城市之间的差异逐渐减弱，城市的趋同现象日益严重，历史和文化走在了与现代城市渐行渐远的边缘地带，这使历史文脉的传承面临着很大的危机。将老旧街区的重构与城市文脉相结合，就可为城市增添新的活力。只有以不同的城市地理、历史和社会环境等差异性的因素为依据，针对城市的地域性、民族性等历史文脉特点，将城市文脉的核心作用展现得淋漓尽致以达到历史、自然与人的和谐统一，才能真正使得文脉得以发扬和传承。

（2）增加认同感与认知度。对老旧街区的改造中，若能提炼城市文脉中存在的特有符号，并进行表达和传承，必然会带给使用者以浓厚的认同感，从而使老旧街区在融入现代化进程的过程中能够让传统元素重新焕发新的光彩，并在融合中可以延续原有历史与文化。文脉的表达可以为使用者营造出一种温馨的空间氛围，对提升人们对老旧街区的亲切感和缩短人与城市的距离是至关重要的。同时，能唤起人们多年的回忆，使人在老旧街区中购物和娱乐的同时也可以感受到文化的价值，进而迸发对城市文脉的思考，不知不觉地提高大众对城市的情感，增加城市的认知度。

1.2.4.2 街区元素的应用

老旧街区重构过程须对街区文脉的构成要素进行采集、提取，以此为基础再进行运用和传承。老旧街区文脉的构成要素由自然环境、建成环境、建筑符号等显型要素和街区文化等隐型要素构成。而处于老旧街区之中，应该感受到一种怀旧的气氛，即对建筑、街区空间、社会活动的感知。所以，通过提炼文脉符号，并将符号从抽象转变为具体形式以创造一种怀旧的气氛，这便是街区文脉的构成要素在街区中的成功表达。

（1）元素提取。对于街区文脉的提炼须是建立在对街区文化的深度挖掘基础上而后进行的提炼和归纳，然后将提炼出来的要素符号化，进而运用于老旧街区的重构。对元素的提取主要是从形态、材质、色彩、典故和寓意五个方面出发，进行归纳总结和提炼后在设计中得到应用。广州荔枝湾以历史景点文塔为背景，拓展街区文脉，形成一个商业与文化并存的街区，如图 1.25 所示。

(a)　　　　　　　　　　　　　　　　(b)

图 1.25　广州荔枝湾

(a) 外景（一）；(b) 外景（二）

（2）从抽象到具象。将文化和人的心理行为相互结合，需要将其从抽象的物质转换成视觉要素符号，这对老旧街区的文脉表达来说是非常重要的过程。一般而言，提炼设计符号可以通过移植和创新两种方式进行。文脉的移植是符号提炼的最直接方式，一般运用在表达的内容具有普遍性的情况下。在改造设计中，将历史性的传统元素进行选择性保留，并对细节性的形式和功能进行再设计。在不改变街区文脉的基础上，在历史文化符号的提取中加入新元素，有控制地改变传统符号的色彩、肌理等历史文化特征，可以使街区文脉的构成元素发生合理的变化，同时也留给人们更多的思考和启示。

1.2.4.3　文脉表达手段

（1）文脉保留。老旧街区内往往存在遗留的历史性建筑或是时代印记，若只是一味地拆除或是单纯性地保持原貌并不能解决街区空间衰败的问题，需要在对街道空间、界面等的质量和历史的价值重新定位后，结合其现状和现代生活功能的需要，对原有街区的遗留建筑等做出有效分类并有针对性地提出解决方案，并使城市的文脉得以在改造后的老旧街区中得到延续。要使老旧街区内蕴含的城市文脉得到表达，对文脉的保留是必不可少的。这种保留既是对重要历史建筑的保留，也是对街区空间的保留。

（2）文脉修复。街区发展过程中，通常会面临被各种不具备城市文脉特征的元素融合的情况，往往带有全球化和泛中国化痕迹，所以，在对街区进行改造时，需要将这些元素进行本土化、地域化的转变，并对被破坏的城市文脉进行修复。修复一方面是针对原有的建筑物进行修缮，另一方面是在其他建筑基础上为协调街道的风貌做与既有建筑相似的处理，采用拼贴的方式来修复街区传统风貌，以保证街道良好的连续性。这两种方式结合在一起运用，可以帮助街区界面重新获得协调统一的景观。

（3）文脉延续。对于街区空间中某些破坏街道整体风貌特征或是建筑质量和历史价值不高的存在，为保证街区的协调性和整体性，需要将它们拆除，然后结合街区整体风格和特征，以延续城市文脉的方式进行重建。这种新建建筑在设计时，需考虑城市文脉在街区中的延续性，遵循旧有建筑的某些特征和空间组合规律，以新旧对比、地域性简化或是抽象简约的策略来实现延续文脉、让人们获得归属感和认同感的目标。

1.3 绿色重构的内涵

1.3.1 绿色重构的理念

绿色重构是指在再生过程中，从决策、设计、施工到后期运营这一全过程周期内，结合绿色理念的标准要求，在满足新的使用功能要求、合理的经济型的同时，最大限度地节约资源、保护环境、减少污染，为人们提供健康、高效、适用的使用空间，同城市发展及社会和谐共生，以此为基础形成的一种绿色理念以及所实施的一系列活动。

从宏观视角看，绿色再生过程中，能够根据老旧街区的内部及外部特征，科学合理选择重构后的功能，以最大化地发挥原街区的社会价值、经济价值、文化价值和环境价值。从微观视角看，绿色重构是指重构后街区整体绿地率高，或者是进行功能设计时，按照绿色建筑的核心要求进行功能设计，可以直接改善环境的开发模式。

为了贯彻落实可持续发展的理念，使老旧街区再生不是一时的再生，而是可持续的再生，基于绿色重构理念的老旧街区再生应运而生。老旧街区绿色重构是指将重构设计与绿色再生技术紧密结合，以环境友好的方式改善老旧街区的生活环境、提升安全性，并实现资源的可持续利用。具体来说，就是在可持续发展的前提下，尽量选择被动式节能技术以及天然材料，减少建筑垃圾以及建造过程对环境造成的影响，为人们提供一个节能、舒适、健康的使用环境，达到人、建筑、环境的和谐共生。

1.3.2 绿色重构的原则

由于老旧街区具有复杂多样的特征，重构模式与规划形式千差万别，为了更好地实现老旧街区的绿色重构，在改造设计中必须建立相应的改造原则，将其纳入理性化、规范化的轨道，改变以往存在的盲目性和随意性。在老旧街区绿色重构中应遵循以下原则，以满足经济、环境、能源、技术、文化等多层次联动的要求，如图 1.26 所示。

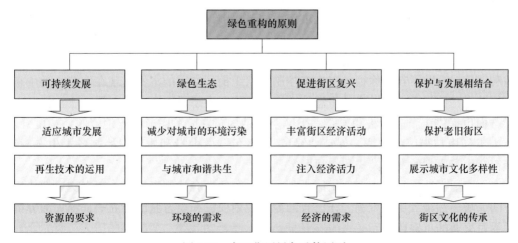

图 1.26　老旧街区绿色重构原则

（1）可持续发展的原则。通过绿色重构使得改造后的老旧街区能够适应不断变化的城市发展，主要通过适应气候的规划设计、建筑改造手段、可再生能源及资源利用技术的应用，实现其可持续再生。

（2）绿色生态的原则。绿色生态是立足于整个城市的生态环境，实现老旧街区与城市全局规划合理融合，旨在实现街区元素与城市环境的和谐共生。

（3）促进街区复兴的原则。老旧街区绿色重构不仅要实现街区实体的重生，还要通过合理的规划，充分考虑街区的区位、现有经济环境及日后的发展规划，带动街区经济的发展，促进整个区域的复兴繁荣。

（4）保护与发展相结合的原则。老旧街区作为城市发展的重要见证者，街区内的建筑、标志物、街道正是"城市博物馆"关于各个时代的最好展品，通过对其合理的改造设计展示城市文化的多样性，提升建筑乃至城市的文化品位和内涵。

1.3.3 绿色重构的内容

1.3.3.1 重构目标的确立

在前期调研分析的基础上，提出绿色重构目标。当前，许多重构设计大都遵循可持续发展和绿色生态等原则，针对老旧街区绿色重构的目标，有时需要针对具体问题进行强化研究。许多被推崇的生态绿色规划案例，都有其独具特色为人称道的特殊目标。例如巴西的库里蒂巴就成功展示了快速有效的公共交通系统和以公共交通为核心的规划设计理念。

从规划目标上来说，传统规划设计往往以美学、人的行为、经济合理性、工程施工等为出发点，而绿色重构是以可持续发展为核心目标的生态优先的规划方法。绿色重构要求在规划设计的全过程中综合考虑自然生态、社会生态、人文生态的协调，是从绿色建筑到生态街区的中间过程，是把点联结成面的逻辑和方法。绿色重构的目标是综合性的，包括街区功能重构、土地合理利用、改善人居环境，形成高效、健康、生态的街区格局。

1.3.3.2 重构设计方法

老旧街区绿色重构中的设计方法的提出要针对城市规划的研究对象，例如建筑立面、空间布局、交通系统等。在街区绿色重构设计过程中，可持续发展和绿色生态的理念是区别于一般规划设计的重要特点。

（1）空间结构。区别于传统的经济社会导向型的土地利用规划模式，基于绿色重构的土地利用模式开辟了新的途径。以生态控制来组织街区空间的案例出现在许多临近生态敏感区的城市，而与生态学结合的生态位适宜度评价、生态足迹压力分析等方法在街区空间布置方面也提供了新的方法和思路。街区空间结构布置应考虑节约土地资源、适度开发、注重人工环境与街区的协调，保证"绿色""蓝色"的数量和质量，控制各类生态廊道；选择符合生态原则的发展模式和空间形态。

（2）交通系统。目前，老旧街区内私人小汽车的拥有量越来越大，带来交通拥堵、占用空间、噪声污染等生态难题。在已有的绿色规划项目和生态城市研究中，绝大部分都提到了绿色交通的重要性。

（3）绿地系统。绿地系统是绿色重构设计的一个重要方面。传统的绿地系统规划只在面积和服务半径方面考虑，而绿色视角的规划更关注整体性、系统性以及物种的本土性和多样性。一方面，绿地、林地等开敞空间被视为生态的培育和保护基础，设计中尽量避免过多的人工环境，对本地的动植物物种进行保护，通过自然原生态的设计提高土壤、水系、植物的净化能力；另一方面，自然绿地的下垫层拥有较低的导热率和热容量，同时拥有良好的保水性。

（4）服务设施和公共空间。按照新城市主义的社区配套模式，重构后的老旧街区应当具有完备的服务设施，并且服务设施应该在街区的任何地方都可以步行到达。服务设施的位置可能因开发片区大小而发生变化，在小规模居住区式开发中，应尽量提倡周边设施共享，避免用地浪费和重复建设。在服务设施和公共空间的用地方式上，绿色重构倡导混合利用模式，就是将商店、医疗、餐饮等功能集约混合，以提高土地的经济效益和活力。公共开敞空间可为居民活动提供场所，应当注重其均好性和使用的公平，同时通过景观生态建设协调和缓冲人的活动与自然环境的关系。

1.3.4 绿色重构的价值

老旧街区作为城市不可抹去的历史文化资源，其重构的过程既是自身价值的发掘过程，同时也是城市价值的提升过程。绿色重构在绿色共生、资源节约的理念下，延续原有空间特质的同时，赋予建筑新的功能与空间组织，既能满足经济性需求，同时还满足当前城市发展要求。老旧街区绿色重构首先从住户需求的角度出发，改善基础设施，整理街区环境，改造出满足人情感需求的日常生活的空间。

1.3.4.1 建筑文化价值的提升

街区建筑自建成至拆除需要经历较长的时期，期间周围环境更替、文化和历史沉淀，建筑外部造型随着时代的变化有所修正，它们展现着过往的生活方式、特质和文化形态等，通过建筑再生，延续街区文化的同时提升建筑的文化价值，如图 1.27 所示的武汉黎黄陂路。

(a)　　　　　　　　　　　　　　　　　　(b)

图 1.27　黎黄陂路修缮后的历史建筑
(a) 街区建筑（一）；(b) 街区建筑（二）

既有建筑重构设计与当今文化重要性的提高、对文化多样性的关注以及文化资源在经济发展中的重要地位息息相关。在对既有建筑研究的过程中，人们不断地对已有的观念、策略进行反思、修正，思考如何在特定的社会环境中延续文化特质。

1.3.4.2　城市文脉的传承

城市是人类一部具体且真实的文化记录簿，历史文化的传承彰显了城市的特色，而老旧街区作为城市文脉中的重要组成部分，是一种城市历史文化传承载体，是一种凝固的历史记忆。

老旧街区的建筑是物化了的见证历史文化、见证历史社会生活形态的证据，研究社会与城市发展都可依此寻找历史发展的轨迹。城市的形成与发展是一个遵循自然客观规律且有连续性的过程，随着时代的变化与更替，以及自然因素、人为支配或者社会发展等影响，某些特定的城市生活方式或人文特性，通过重构再生的方式得以留存下来。

1.3.4.3　区域经济的改善

经济改善是维持物质方面改善的基本保障，老旧街区重构后相应的使用方式可以增长城市经济，不断地向街区建筑维修和维护提供保障，进而对街区住户的自信起到积极作用。现今很多老旧街区都处于具有良好地理位置和历史文化环境的城市中心区域，部分街区通过增加底商的方式，带动街区经济消费，如图1.28所示。

(a)　　　　　　　　　　　　　　　　(b)

图1.28　增加底商

(a) 街区商业（一）；(b) 街区商业（二）

老旧街区建筑的合理重构，使建筑与街区引入新产业，在保存好城市的文脉的基础上还能避免土地资源浪费。老旧街区经改造后成为建筑形态各异、独具特色的街区，促生城市旅游文化，而旅游业的兴起势必带动街区的经济消费，带动整个街区其他方面如基础设施发展与当地文化的推广，进而提升城市形象，为推广城市品牌起积极的作用，进一步刺激城市经济发展。

1.4　安全规划的内涵

1.4.1　安全规划的理念

老旧街区重构，主要以建筑修复后的重新投入使用为基本原则，也就是所说的建筑功能重构，故在此结合街区本身的功能结构，重新定位建筑与整个街区的关系，清楚街区功能结构的情况下有针对性地对老旧街区建筑功能进行重构。研究过程中以人文主义理论、行为建筑学等多学科的融合，跳出原有的老旧街区建筑修复或改造的思维模式，切实联系社会生活需求，寻找出老旧建筑活化的新的可能性。在实际环境中，以自然辩证法看待城市街区的更新，具体案例具体分析，结合街区周围人文环境、人们具体生活需求，设计出符合地域文化及人们生活习惯的方案。使设计过程清晰化、系统化，在不同环境当中能清晰地找出改造或修复的具体方向。

安全规划作为风险研究的一个组成部分，应该体现城市安全建设的基本原则，并应满足灾害防治管理的具体要求。针对具体的工作内容和研究范畴可以将老旧街区安全规划建设具体为：安全规划管理建设、安全规划设计、安全规划法制体系建设、安全信息系统建设等；针对具体的研究层面可以分为街区安全规划建设、建筑安全设计、管网安全规划等。

为了使老旧街区重构后具有更高的安全性，通过在初期的全面分析，提出安全规划的工作目标是重点内容。这个目标既要保障安全，又要实现地区的更新发展，协调社会经济、环境和文化等方面，实现区域的可持续发展。所以，就安全环境和社会效益寻找"安全 – 效益"的结合点，在设计初期充分考虑到安全效能的提升，合理满足各方面的规划需求是安全规划工作目标所在。

1.4.2　安全规划的原则

老旧街区由于其自身复杂的空间环境，且缺失安全规划，存在诸多安全隐患。为实现安全管控的目标，把街区作为一个整体，通过合理的老旧街区重构建设可以弥补以往存在的安全规划不足的问题，将安全规划的理念贯穿于老旧街区重构。老旧街区安全规划原则如图 1.29 所示。

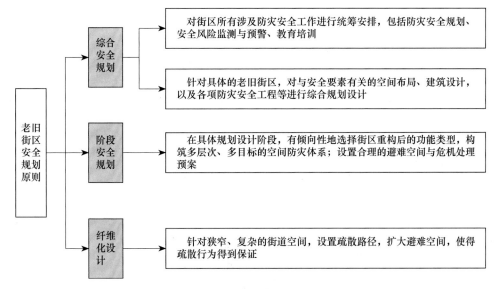

图 1.29　安全规划原则

在老旧街区的空间分布中存在两个主要问题：建筑密度过高、安全避难空间极度匮乏。

狭窄的街道空间、复杂的街巷结构使得灾害发生时受灾人员的疏散行为和安全心理的目标无法保证。同时由于存在较大的安全问题且缺少必要的避难设施，灾害发生时避难基本需求无法得到满足。

1.4.3 安全规划的程序

明确安全规划的原则之后，需要制定具体合理的工作框架和步骤，以便指导老旧街区规划的编制与实施。首先，在老旧街区安全规划的前期研究阶段，应依据地区的基本特点和现状调查，建立符合地区特点的评价要素，从而建立评价数据集，得出最终评价结果。其次，根据结果对规划实践提出规划要点，以解决评价阶段形成的地区规划问题。最后，根据规划要点形成具有针对性的包括建筑安全设计、管网安全设计、道路规划在内的街区安全规划方案，指导后期的管理建设。综合老旧街区特征，在绿色重构理念下进行街区安全规划的程序如图 1.30 所示。

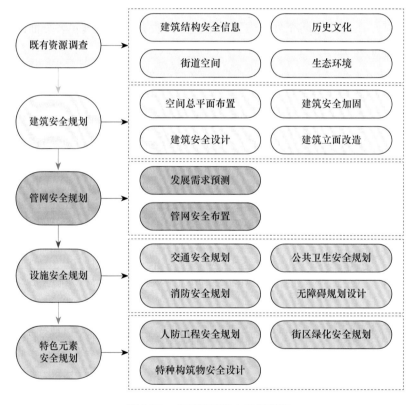

图 1.30 老旧街区安全规划程序

1.4.4 安全规划的内容

1.4.4.1 提升建筑安全性

（1）建筑分类安全整治。老旧街区的建筑依据规划前后的街道功能、自身的建筑等级应用不同的更新措施，从建筑层面保证居民安全，分别提出适应各自改造要求的防灾原则，综合提高老旧街区建筑的安全性和可靠性，降低灾害发生时的建筑安全风险。建筑安全规划策略主要分为保护保留、维护修复、更新整治、拆除重建四种主要方式。

（2）提升建筑抗震性能。老旧街区内建筑老旧、结构改变大，受地震破坏可能造成严重的后果，地震中的人员受伤主要由于室内物品砸伤、结构破损致伤和建筑整体将人员掩埋等。避免地震灾害最直接有效的方式是提升建筑的抗震性能。老旧街区内抗震性能较差的结构主要为砌体结构，此类房屋的抗震方法主要从结构上进行加固处理，如对构造柱增加圈梁、设拉杆支撑等方式，增强结构的牢固程度，如图 1.31 所示。

（3）提升建筑防火性能。老旧街区内建筑呈现复杂多样性，各建筑根据自身使用要求具有不同的防火构造要求。由于街区内建筑材料耐火性差，结构上的一些重要构件不满足耐火极限规定，因此，重构时应替换易燃材料或刷耐火涂料，并定期检查建筑环境的防火安全度，如图 1.32 所示为在地下停车场设置防火卷帘。

图 1.31　梁柱加固　　　　　　　　　　　图 1.32　设置防火卷帘

1.4.4.2　街道空间安全组织

（1）整治不合理用地。老旧街区由于建设时间较早，用地规划混乱，造成了其内部夹杂着具有安全隐患的功能用地，因此需要通过功能重构来解决，减少与老旧街区居民生活有关而又存在安全隐患的服务设施。

（2）降低人口密度。老旧街区临近城市中心，易形成租金低廉，大量流动人口聚集的特征，造成了街区内潜在的安全隐患，同时缺少公共开敞空间，易导致伤害事件的发生。因此在规划时应考虑如何降低人口密度。

（3）疏散通道的安全改造。如何进行灾时人员有序疏散是老旧街区改造更新的重点。老旧街区存在街道空间狭窄、占用严重、等级混乱等问题，因此通过改造解决以上问题是确保街区尺度下安全性的重要措施，如图 1.33 所示进行人车分离。

（4）开敞空间的合理组织。通过合理组织老旧街区的疏散通道、规划完善避难场地，在紧急情况发生时，为人员提供有效的避难场所，是提高老旧街区安全性的重要措施。因此，根据街道的人口密度、街道条件、建筑空间等特征，合理组织或新建街道中的开敞空间，如图 1.34 所示。

老旧街区规划的重点是通过梳理街道功能，理顺街区机理，实行部分拆除、变换建筑性质等，开拓开敞空间，合理组织避难场地。老旧街区内应通过环境整治来形成防灾环境轴，作为阻止灾害蔓延扩大，形成开敞的避难空间场所的主要措施。

图 1.33　人车分离　　　　　　　　　图 1.34　开拓开敞空间

1.4.4.3　基础设施安全管理

（1）更换建筑设备。老旧街区的建筑设备随着经济的发展逐步进行更新换代，如空调照明等设备，这些大型的大功率设备通常会给街区带来更大的能源负荷，因此，为了提高设备的安全性能，应采用低耗能、安全度高的建筑设备。

（2）维护电气设备。应根据老旧街区内的电气使用负荷来确定电气线路敷设，安装电气设备。应重新布置管线，较大的用电设备应采取保护措施，确保安全。一般老旧建筑内，管线应敷设在难燃体中，选择节能型设备，在厨房中梳理电线布置，设置独立开关，并安装漏电保护装置。

（3）增设消防设施。在狭窄的街道中可用高压消火栓替代消防车进行救援，根据街道的具体结构布局情况合理设置高压消火栓，选择适宜的地点，依据合理的间距设置，保证其服务半径的全覆盖。

1.4.4.4　安全文化建设

安全文化是指人类因安全活动创造而产生的安全生产、安全生活的理念、行为、环境、条件的总和。因此，利用各种可能的策略和手段，进行有效的"人因工程"，是进行老旧街区安全规划的基础。

（1）建设制度安全文化。制度安全文化指的是与安全文化相对应的严格的组织机构和法规制度。建立和完善街区安全管理的各项规章制度、操作规程和奖惩方法，使其规范、科学、实用，全面突出效果。通过建立简单易行的"人人负责"制度，使街区安全管理在各方面、各层次的责任得到有效落实，如图 1.35 所示的安全制度栏。

（2）建设行为安全文化。通过规范人的行为，提高居民自我保护能力和安全意识，控制并预防事故的发生，进行安全急救技能训练和突发性事故避嫌及救援演练，可以从根本上提高安全行为认知和自我保护能力。

（3）推广安全文化。推广安全文化对于事故预防具有长远的战略意义，通过创造一种安全人文的良好氛围以及人和环境的和谐关系，对人的观念、态度、意识、行为等构成从无形到有形的影响，从而对人的不安全行为起到控制作用，以减少人为事故的发生，如图1.36所示的安全标语。安全文化建设是一项长期工程，它具有基础性和战略性，所以需要安全街区建设单位从长远的角度考虑、不断坚持。

图 1.35　安全规章制度　　　　　图 1.36　安全宣传栏

2 老旧街区绿色重构安全规划基础

2.1 老旧街区既有资源踏勘

2.1.1 老旧街区实测

2.1.1.1 街区总平面实测

（1）实测内容。老旧街区的总平面图实测主要包括街区内所有建筑物、构筑物、地形地貌的相对关系、标高、指北针等内容。总平面图中也应标明各建筑物、构筑物的名称、编号以及与相邻建筑物、构筑物的位置关系并绘制成图，以便与单体图相对应，是对街区整体平面布置的详细定位与描述。

（2）实测要求。老旧街区的总平面图实测具体要求见表2.1。

表 2.1 街区的总平面图实测具体要求

内　容	具　体　要　求
表明街区的总体布局	用地范围、各建筑物及构筑物的位置、道路、交通等的总体布局
确定建筑物的平面位置	（1）根据原有建筑和道路定位，若街区内有新建建筑，新建建筑定位是以新建建筑的外墙到既有建筑的外墙或到道路中心线的距离； （2）在规模较大的工厂或地形较复杂的区域，可用坐标定位
建筑物首层室内地面、室外整平地面的绝对标高	要标注室内地面的绝对标高和相对标高的相互关系，室外整平地面的标高符号为涂黑的实心三角形，标高注写到小数点后两位，可注写在符号上方、右侧或右上角。若建筑基地的规模大且地形有较大的起伏时，要绘出建设区内的等高线
指北针和风玫瑰图	根据图中绘制的指北针可知新建建筑物的朝向，风玫瑰图可了解新建房屋地区常年的盛行风向（主导风向）以及夏季风主导风方向
水、暖、电等管线及绿化布置情况	给水管、排水管、供电线路、采暖管道等管线在建筑基地的平面布置

（3）实测方法。街区总平面图的实测方法主要有简易交会法、经纬仪法、大平板仪法

等，目前最为常见的是经纬仪法。

经纬仪配合量角器测图的实质是极坐标法。优点是灵活、方便，速度和精度都能达到一定的要求。将经纬仪安置在图根控制点上，将绘图板安置在测站旁，用经纬仪瞄准另一控制点进行图板和仪器定向，然后用经纬仪测定碎部点方向与已知控制点方向之间的水平角，并用视距测量的方法测量碎部点相对于测站点间的水平距离和高差。然后利用量角器按照极坐标法将碎部点展绘在图板上，注记高程，对照实地描绘成图。

（4）实测成果表达。从老旧街区实测含义出发，其工程目的的实质就是真实客观地反映街区建筑的原貌，根据需要绘制不同比例尺的平面图、立面图及剖面图等，为老旧街区后续的更新工作提供详尽、系统的资料，并作为技术档案保存，是保护、发掘整理和利用街区建筑的基础环节。实测成果，是指通过实测形成的数据、信息、图件以及相关的技术资料。实测成果由图本和文本两部分组成，图本部分包括街区建筑实测图与建筑影像，文本部分即实测报告。

2.1.1.2　道路交通实测

街道（城市道路）是指在城市范围内具有一定技术条件、设施和城镇文化生活中心街区中比较主要、宽阔的道路，全路程两侧或单侧大部分地段建有店房和各式建筑物、人行道、绿化带等，新建道路两侧虽没有建筑物也应设有人行道和各种市政公用设施等。老旧街区历史悠久，路网密集、交通拥挤现象突出，其道路测量内容主要是路面的平整度、路面宽度、道路两旁建筑物的测量等。

（1）街道立面图测量。每个城市都有自己的地域、历史和时代特征，为了使城市的整体或某一区域的风格统一，形成自己鲜明的特点，给人以美的感受，就得进行街道立面改造，此时需要对街道立面进行测量。建筑立面测量方法较多，目前采用方法见表 2.2。

表 2.2　街道立面图测量方法

测绘方法	内　容	优　点	缺　点
全站仪测绘	一种集光、机、电为一体的高技术测量仪器，是集水平角、垂直角、距离、高差测量功能于一体的测绘仪器	设备要求简单，精度好	对技术人员要求较高，需要熟悉全站仪的使用
三维激光扫描仪测量	直接将建筑物立面上的实景三维数据完整地采集到电脑中，然后进行三维实体建模，同时，对采集的三维激光点云数据进行后处理	速度快、非接触、高密度、自动化等特点，可以在复杂的环境中进行使用	仪器价格昂贵，数据处理复杂，对技术人员要求较高

（2）路面平整度测量。街道路面平整度指街道路面表面相对于理想平面的竖向偏差。测量路面平整度的方法见表 2.3。

表 2.3 街道平整度测量方法

方 法	内 容	适用范围	特 点
定长度直尺法	采用规定长度的平直尺搁置在路面表面，直接测量直尺与路面之间的间隙作为平整度指标	广泛适用	方法简单
断面描绘法	采用多轮小车式平整度仪沿道路推行而直接描绘出路面表面起伏状况，表征路面平整度	广泛适用	直观、快捷
顺簸累积法	在标准测定车上装置顺簸累积仪，记录汽车沿道路行驶时车厢的累积振动，表征路面平整度	适于测定路面表面的平整度，不适于在已有较多坑槽、破损严重的路面上测定	简单快捷

2.1.1.3 管网布置实测

管网布置实测是指为获取管线及其附属设施空间位置及相关属性信息，编绘管线图，实现地下管线数据交换和信息资源共享的过程，包括管线资料调查、测量、探查、数据处理、管线图编绘以及数据入库与交换等。针对老旧街区管网实测的对象应包括埋设于地下的各种电力、给水、排水、燃气以及热力、气体、油料、化工物料等特种管线和管沟等。

（1）管网实测内容。一般来说，对老旧街区管网实测具体内容应包括以下几项：

1）各种管线特征点（起讫点、交叉点、转折点、分支点、变径点、变坡点和新老管线衔接处等）平面位置和高程，记录管径或断面尺寸，注明电力或信息缆线根（孔）数管材性质等。

2）管线附属物（检修井、调压室、流量箱、排水器、阀门等）的平面位置。

3）根据管线上实测的成果和记录的各类信息，编绘管线图。

4）对管线实测成果、成图及其相关属性数据等资料进行整理，以解决后期再生利用时管线的利用或者拆除等问题。

（2）管网实测方法。管网实测方法包括明显管线点实地调查、隐蔽管线的物探探查和实际开挖调查，管网探察工作中通常将这三种方法相结合进行使用。管网实测方法见表 2.4。

表 2.4 管网实测方法

实测方法	主 要 内 容
明显管线点实地调查	量测，记录和查清一条管线的情况，需要对地下管线及其附属设施作详细调查，填写管线点调查表，确定必须用物探方法探测的管线段
开挖调查	开挖调查是最原始和效率最低却最精确的方法，即采取开挖方法将管线暴露出来，直接测量埋深、高程和平面位置

2.1.1.4 街区绿化实测

街区绿化实测中绿量是反映及衡量绿色环境和市民生活质量的重要指标，它与社会、经济、文化、环境、生活都密切相关。我国城市老旧街区开发建设较早，是城市历史发展的有机组成成分，具有与众不同的魅力。其独具特色的绿化环境更是中国居住环境中人地和谐的典范。垂直绿化、屋顶绿化、阳台绿化、盆栽绿化等形式多样的绿化方式是老旧街区绿化的重点。

老旧街区再生重构绿化测算指标可采用二维绿化指标，较为通用的有人均公园绿地面积、人均绿地面积、城市绿地率及城市绿化覆盖率四项。这类指标在指导城市绿地规划及衡量地区绿化基本状况等方面起到了积极作用。

2.1.2 既有建筑安全检测

2.1.2.1 检测内容

对老旧街区既有建筑的安全检测，主要是混凝土结构、砌体结构以及钢构件安全检测。

（1）混凝土构件检测。检测内容如图2.1所示。

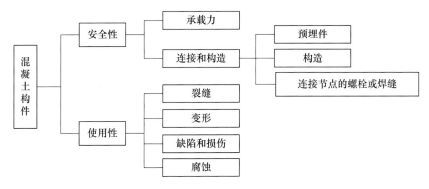

图2.1 混凝土构件检测示意图

混凝土构件使用性检测包括损伤与缺陷检测，以及混凝土构件腐蚀检测。其中，混凝土构件腐蚀项目包括钢筋锈蚀和混凝土腐蚀，评定等级如图2.2所示，其等级应选取钢筋锈蚀和混凝土腐蚀评定结果中的较低等级。

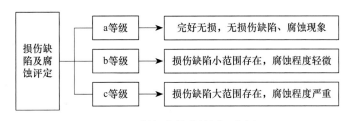

图2.2 混凝土构件检测示意图

（2）砌体构件检测。砌体构件检测内容如图2.3所示。

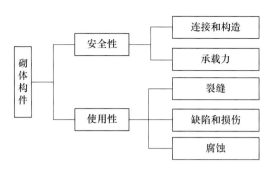

图 2.3　砌体构件可靠性检测示意图

砌体构件的安全性等级应按承载力、连接和构造两个项目评定，并取其中的较低等级作为构件的安全性等级；同样砌体构件的使用性等级应按裂缝、缺陷和损伤和腐蚀三个项目评定，并取其中的较低等级作为构件的使用性等级。

1）砌体构件连接和构造检测技术标准。砌体构件连接和构造的等级评定如图 2.4所示。

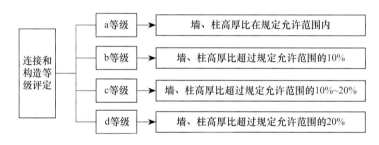

图 2.4　连接和构造等级评定示意图

2）砌体构件使用性检测。

① 裂缝检测技术标准。砌体构件裂缝等级的确定取各种裂缝评定等级中的较低等级作为砌体构件裂缝最终的等级，见表 2.5。

表 2.5　裂缝等级评定

裂缝类别		裂 缝 等 级		
		a 等级	b 等级	c 等级
由于变形、温差造成的裂缝	墙体	没有裂缝	局部存在裂缝，裂缝最大值不大于 1.5mm，且停止开裂	裂缝最大值超过 1.5mm；或者普遍存在裂缝；或者裂缝仍旧不断加剧
	独立柱	没有裂缝	—	发现裂缝
受力裂缝		没有裂缝	—	发现裂缝

② 损伤和缺陷检测技术标准。砌体构件的损伤和缺陷等级应按损伤和缺陷两个项目

评定，并取其中的较低等级作为构件的损伤和缺陷等级，依据如图 2.5 所示。

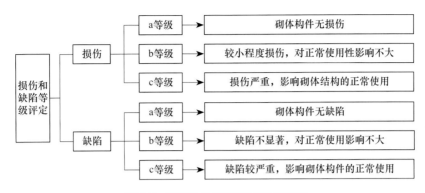

图 2.5 损伤和缺陷等级评定示意图

③ 腐蚀检测技术标准。砌体构件腐蚀等级检测评定由于构成材料的不同而有所差别，相应的评定标准见表 2.6。砌体构件腐蚀等级取钢筋、块材和砂浆等级评定中的较低者。

表 2.6 腐蚀等级评定

构成材料类别	腐蚀等级		
	a 等级	b 等级	c 等级
钢筋	没有腐蚀	仅有轻微腐蚀，且钢筋腐蚀的面积占总截面面积的百分比不超过 5%	钢筋腐蚀的面积占总截面面积的百分比超过 5%
块材	没有腐蚀	轻微腐蚀，而且块材被腐蚀的最大深度≤5mm	严重腐蚀，而且块材被腐蚀的最大深度 > 5mm
砂浆	没有腐蚀	轻微腐蚀，而且砂浆被腐蚀的最大深度≤10mm	严重腐蚀，而且砂浆被腐蚀的最大深度 > 5mm

（3）钢构件检测。

1）钢构件检测评定的内容如图 2.6 所示。

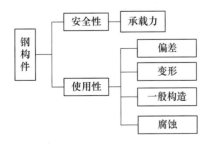

图 2.6 钢构件可靠性检测内容示意图

2）钢构件使用性检测。钢结构使用性检测包括变形检测、腐蚀性检测以及一般构造检测。钢构件产生变形是在内力或外力两种情况下产生的挠度，钢结构腐蚀是指钢结构受到太阳、雨雪、风沙等影响，其中氧气和水分是造成钢结构腐蚀的重要因素。钢结构构件评定等级如图 2.7 所示。

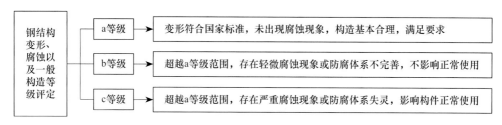

图 2.7　钢构件变形、腐蚀等级评定示意图

2.1.2.2　检测方法

对于老旧街区建筑进行安全检测的方法分为直接方法和间接方法，以下按建筑结构的形式来总结常用检测方法及其优缺点。

A　混凝土结构

结构构件的混凝土的强度检测方法按照它的原理可以分为表面硬度法、局部破损法、声学法和综合法。各种方法的对比见表 2.7。

表 2.7　混凝土强度检测方法对比

检测方法	方法名称	费　用	试验速度	测试方便性	适用性	精　度	对构件的损坏
表面硬度法	回弹法	低	快	方便	要求表面光滑	良	无破损
局部破损法	钻芯法	高	慢	麻烦	对尺寸有限制	良	遗留孔洞，需修补
	拔出法	中	快	一般	需专用机具	良	微小
	射钉法	低	快	方便	需专用机具	良	微小
	拉断法	中	快	方便	需专用机具	良	微小
	折断法	中	快	一般	需专用机具	优	遗留孔洞，需修补
	拉剥法	低	快	一般	对尺寸和位置有限制	良	微小
	贯入法	低	快	一般	要求表面平整	良	微小
声学法	超声波	高	快	方便	要求表面平整	差	无破损
综合法	两种或两种以上方式	中	快	一般	综合各方法的优点	优	

通常情况下可选用一种检测方法，当测试精度要求较高、构件类型较多时，可以选用两种或两种以上检测方法，以减少误差，提高混凝土强度评定的准确性。

B　砌体结构

砌体结构在老旧街区建筑中占有非常大的比重,对现有的检测方法进行归纳总结分析,结果见表2.8。

表2.8　砌体结构检测方法使用范围及特点

检测方法	适用范围	优　　点	缺　　点
实物取样法	砌体抗压强度、砌体内部缺陷	反映砌体的强度质量	对砌体有局部的破损
回弹法	砌体抗压强度、砌体弹性模量	现场可直接测试	需专有设备
扁顶法	砌体砂浆抗压强度	无损检测、操作简单	可靠性较差
钻入耗能法	砌体抗压强度	方法简便,破损小	适用性差
射钉法	砌体砂浆抗压强度	方法简便,破损小	相关性较差
拔出法	砌体抗压强度	快速、简便、破损小	对砌体有局部的破损
点荷法	砌体砂浆抗压强度	无损检测、操作简单	适用性差
筒压法	砌筑砂浆抗压强度	取样操作简单	直观性较差
推出法	砌筑砂浆抗压强度	反映结构材料及施工质量的影响	对砌体有局部损伤;水平灰缝砂浆饱和度低于65%时不适用
砖与砂浆黏结强度法	砖与砂浆黏结强度	唯一可直接测出砌体黏结强度的方法	对砌体有局部损伤
原位单剪法	砌体抗剪强度	综合反映结构材料及施工质量的影响	对砌体有局部破损

通过砌体结构现场检测方法对比可以发现,实际工程中应用较多的方法有回弹法、原位单剪法、点荷法、砖与砂浆黏结强度法等,其他的方法在理论研究或实际应用上或多或少存在一些不成熟的条件,待以后进一步的研究与推广。

2.1.3　历史文化调查

2.1.3.1　物质文化调查

物质文化遗产中的文化财富是静态的,是人类过去某个特定历史时期文化的记忆载体,老旧街区是一种在特定年代产生的建筑文化、艺术、生活方式等的承载体,这种文化财富不能被后代人重新创造。物质文化遗产的载体是不具有能动性的物质实体,如滕王阁文化街区,这一文化遗产的载体是城墙、城门、古街道、店铺等物质实体,如图2.8所示。

2.1.3.2　非物质文化调查

如果说物质文化遗产是骨骼的话,那么非物质文化遗产就是血肉,非物质文化遗产在

图 2.8　滕王阁文化街区

老旧街区的更新重塑中起着精神内涵的重要作用。非物质文化保护,通常是指被社会集体、团体、个人,通过现在的表演或者表现形式将那些具有珍贵价值的历史文化项目和传统文化样式呈现出来的一种客观情形。

　　首先,非物质文化遗产能在一定程度上减少本地居民的流失。其次,对非物质文化遗产的重视能促进其载体空间,通常是有特色的建筑空间和外部空间的保护,有益于文化氛围的塑造。最后,非物质文化遗产本身就是人类活动的结晶,随着对文化精神世界的追求被重视,非物质文化遗产本身的创新与传承成为新的文化爆发点。

　　在老旧街区的非物质文化保护过程中常常挖掘地域文化特色,经过追本溯源的文化解读,将其发展过程中的文化元素进行整合处理,拓展其传播方式,增加文化表现的方式。例如江西滕王阁,通过华丽的歌舞、盛大的滕王仪仗和巍峨的滕王阁交相辉映,不仅展现了盛唐的恢弘气势,而且展示了历史文化名城——南昌的传统艺术和传统文化风采,让人们感受到南昌优秀非物质文化遗产的博大精深与无穷魅力,如图 2.9 所示。

图 2.9　滕王阁夜间表演

2.1.4　街区生态环境调查

2.1.4.1　街区土壤污染调查

　　目前,老旧街区土壤污染总体形势不容乐观,局部地区污染严重。废渣的露天堆放和弃置造成了堆放区域的土地严重污染。许多街区受到污染物和污水的影响,造成土壤污染。

工业生产排放的废气和粉尘，经过大气沉降和降雨的冲刷后进入土壤，很容易在土壤中逐年累积，造成污染。土壤污染会使污染物在植物体中积累，并通过食物链富集到动物体，最后进入人体。尤其是重金属污染具有隐蔽性、长期性和不可逆性等特点，在人体某些器官中累积，具有致癌、致畸、致突变等危害。

土壤污染不仅严重影响土壤质量，还会危及食物安全、人体健康乃至生态安全。导致地表水污染、地下水污染、大气环境质量下降和生态系统退化等其他次生生态环境问题。为此有必要进行土壤污染检测，土壤检测项目见表 2.9。

表 2.9　土壤检测项目

检 测 参 数	
理化检测指标	pH、水分、酸度、容重、密度、粒度、挥发酚、氟化物、氰化物、全磷、全钾
金属检测指标	铅、镉、汞、铬、锑、砷、铍、硒、银、锌、锰、铝、锂、钡、钛、锡、硼、锶
有机检测指标	挥发性总石油类烃、可提取有机卤化物、挥发性有机物、半挥发性有机物

2.1.4.2　街区水体污染调查

基于自然资源的地域性分布不均、街区发展中普遍存在的水体污染问题。通过对街区的水体进行取样分析，发现老旧街区内的水体往往深受工业废水、烟尘的污染而水质低下，或者因疏于管理而存在富营养化的问题。废水中含大量的有害物质，严重影响了水体的生态环境，此外，污染物通过水的渗透而进一步污染土壤。街区的水质已经成为制约城市街区可持续发展的巨大障碍。人们一些不良的生活习惯、淡薄的节约和环保意识更加剧了这一社会和环境问题。

在实际走访中发现，由于缺乏完善的污水处理策略和机制，大量仍可直接作为街区绿化浇灌、道路清洗等用途的在生产、生活中轻度污染的废水被直接排入城市污水管网；而大量受到重度污染的工业和医疗废水也缺乏相应的重视并没有进行区别对待的深入净化。大量的重金属、化学残留物及微生物被排放到自然环境中，其中甚至仍包含了众多有害物质和可提取回收的珍贵资源。如图 2.10 所示。

(a)　　　　　　　　　　　　　　　(b)

图 2.10　老旧街区水体污染现状
(a) 水体污染（一）；(b) 水体污染（二）

2.1.4.3　街区空气状态调查

老旧街区的空气质量问题是近年来环境研究的热点问题，街区周围的空气质量直接影响居民的生活质量。由于老旧街区呈现居住区、生产区交叉布局，工业废气、机动车尾气的排放，空气中的总悬浮颗粒以及氮氧化物超标，这些污染物导致空气质量状况较差，空气污染严重。老旧街区路面有些为土路面，机动车行驶就会产生扬尘、灰尘等，扬尘灰尘含有 PM10，也称为可吸入颗粒物。老旧街区建筑较为密集，空气流通性较差，不利于污染物的扩散，导致污染物长期悬浮在空气中，而且污染物的浓度越高，越不利于街区内部污染物的扩散，影响街区居民身体健康。

因此为了尽可能提高老旧街区的空气质量，有必要研究污染源在街区的扩散规律，减轻污染物在街区内部的积聚，从而有效改善街区居民的生活质量和居住环境。

2.1.4.4　街区环境卫生调查

经过岁月的沉淀，老旧街区中保留了很多有特色的环境和场所。但是，老旧街区由于年代久远，环境基础设施不完善、生态治理理念落后，呈现出诸多问题，老旧街区建筑的环境差是普遍存在的。如生活垃圾收集处理设施缺乏、垃圾环境污染等。环境与结构上呈现出一种杂乱无章的状态，如图 2.11 所示。

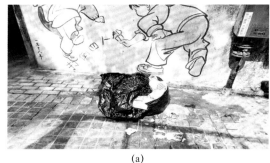 

(a)　　　　　　　　　　　　　　　　　　　　　　(b)

图 2.11　老旧街区环境卫生现状

(a) 卫生环境（一）；(b) 卫生环境（二）

2.2　老旧街区绿色重构设计

2.2.1　老旧街区绿色重构设计基础

老旧街区的绿色重构，就是以街区为基本单元和空间载体，以"绿色文明"为思想基础，通过实现街区的"绿色"，进而实现整体城市的"绿色"，实现人类、城市与自然环境之间的可持续发展。

2.2.1.1　老旧街区绿色重构设计内涵

（1）维护城市整体环境的生态和谐。综合考虑城市自然环境和人工环境的建设，以老旧街区为基本细胞单元，用传统和现代融合的创新技术方法改善街区环境的舒适性，最终改善城市的生活环境。制定遵循生态优先原则的城市设计策略和方法，结合健全的法律规范和思想道德宣传，保护和修复城市中的自然植被、河流，从而减少对自然环境的破坏。

（2）实现资源集约利用与能源高效循环。建立绿色街区的土地使用策略，确定街区的用地规模和开发模式，通过土地混合使用和地上、地下空间的混合开发，进行多样性的功能设置，实现土地的集约利用；保护并合理利用自然植被和水体，在街区空间形态设计中，实现建筑形态与绿地水体的有机结合，通过街区形态设计实现街区自然的通风、采光，避免街区空间的单调和热岛效应、噪声污染等影响环境舒适度的不利因素。

（3）促进城市经济、社会、文化活力。通过街区功能的有机复合，提高街区的经济发展动力，尤其是强化零售业的凝聚力和吸引力；促进街区空间形态与新经济形式的结合，可以建设一定的弹性空间，以适应市场的变化，增强街区抵御风险的能力；完善街区基础设施建设，建立高效的街区防灾系统，尤其注重常态防灾系统的建设，为经济发展提供基本保障。

2.2.1.2 老旧街区绿色重构设计原则

（1）生态优先原则。自然与社会和谐发展是城市发展的根本，生态优先是生态城市设计的基本原则，也是老旧街区绿色重构设计的核心原则。从绿色街区城市设计的具体过程来看，绿色街区的选址，对气候要素、地形、自然植被、水体等条件的保护和合理利用，以及在此基础上所做的设计都是生态优先原则的体现。绿色街区城市设计应以保护街区生态因子、构建稳定的街区生态安全格局为首要目标。

（2）技术融合与创新原则。对于老旧街区绿色设计而言，信息技术、节能技术与形态设计、生态设计的紧密结合是当前最前沿的技术创新形式。技术融合与创新的概念不仅应该着眼于高技术，对传统理论方法和生态技术的继承和发扬也是尤为重要的一环，是解决生态城建设中诸多具体问题的重要途径。

（3）可持续发展原则。绿色街区的可持续原则主要体现在资源与能源集约利用、生物气候适应性、环境保护等方面，即老旧街区绿色重构设计应与地域气候、自然植被、水体、土壤条件密切结合，在空间布局上体现城市肌理与地域建筑的文脉延续，并注重生态节能和环境保护要求。其最终目标是协调人与自然环境的关系，实现经济、社会、环境的可持续发展。

2.2.1.3 老旧街区绿色重构设计内容

针对绿色街区的概念、特征和设计原则，探索全寿命周期下的生态环境保护、空间舒适度、技术适应性等绿色目标，贯彻"四节一环保"的资源和能源节约要求，总结出老旧街区绿色重构设计的内容，如图2.12所示。

（1）生态设计内容。主要以构建稳定的绿色街区生态安全格局为目的，研究街区的气候、土地、绿地植被、水体等生态环境要素的基本内容、特征及其与街区城市设计系统的有机关联。

（2）空间设计内容。主要以绿色街区的尺度为切入点，设计街区的用地布局、路网结构、街道空间、空间容量、开放空间、建筑形态等空间环境要素的基本内容和特征。

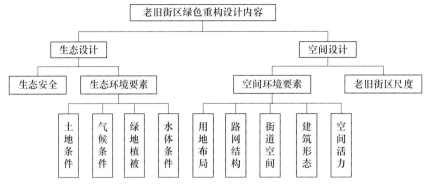

图 2.12 老旧街区绿色重构设计内容

2.2.2 老旧街区绿色重构策略

2.2.2.1 居住街区绿色重构策略

对于老旧街区内的居住街区，需要采取保护的方法进行精细化设计，才能在不损坏街区建筑、环境等文化特征的前提下，完成老旧街区的改造更新，如图 2.13 所示。居住街区应采取如下绿色重构策略：

（1）遵循绿色街区的生态环保、资源节约原则，以绿色街区的地域性、文化性为依据，对街区建筑、交通、环境、公共设施等内容进行系统评价。

（2）遵守街区的平面肌理和空间尺度，保护有历史、文化价值的建筑物和构筑物，留存河流、树木等生态要素以及能够延续街区文化的抽象要素。根据建筑质量评价，进行建筑的保留、整新、改造和拆除。

（3）梳理街区交通系统，结合景观环境改造，重点进行步行环境的塑造，提出街区机动车交通的流线组织，并探讨旧城街区地下停车场的建设方法。公共空间和设施的改造更新应有效结合景观环境设计，注重环境的卫生问题和品质提升。

(a) (b)

图 2.13 居住街区绿色重构
(a) 外景（一）；(b) 外景（二）

2.2.2.2 商业街区绿色重构策略

商业街区一般占地规模较小，延续传统商业模式，多以商业街的布局形式为主。商业街的经营类型相对较为单一，往往能够形成详细的业态分类，如服装街、食品街、海鲜街等。如图 2.14 所示。商业街区应采取如下绿色重构策略：

（1）遵循绿色街区的资源节约和系统性设计原则，结合城市商业网点规划以及街区的人口、经济、社会需求确定商业街区的改造更新原则。

（2）商业街区的建筑风貌应体现整体协调的原则，商业建筑的改造应适度采用地域建筑语汇，体现新建建筑对地域建筑文化的传承，在建筑的风格、体量、色彩、符号等方面实现传统与现代的自然过渡。

（3）梳理街区交通系统，增加商业街区的路网密度，采取稳静交通、停车楼、地下停车、智能控制等手段有效地组织街区交通系统，重点建设街区的步行系统。

(a)　　　　　　　　　　　　　　　　　　　(b)

图 2.14　上海新天地商业街区

(a) 街景（一）；(b) 街景（二）

2.2.2.3　办公街区绿色重构策略

老旧街区办公设施一般占地规模较小、布局较为分散、建筑功能单一、尺度较小，往往以多层建筑为主，与居住、商业建筑结合形成混合街区。较为完整的以商务办公为主的街区是在旧城改造更新过程中，利用城市棕地、老旧街区进行重建或者改造后形成的。因此，办公街区应采取如下绿色重构策略：

（1）以有机更新理念为指导，遵循绿色街区的设计原则，注重街区的功能混合，实现资源的节约和共享。在街区改造更新过程中，尊重街区原有的土地、植被、建筑肌理，充分利用既有的地质条件、市政设施，顺应街区地形条件。

（2）街区空间形态应与其周边腹地的建筑群在风格、色彩上协调统一，充分利用旧建筑的结构和材料，新建建筑在平面肌理、尺度、体量、色彩应与改造建筑形成和谐的整体。

（3）以创建绿色生态办公区为目标，在街区生态环境设计中，尽量采取适合当地气候和土壤要求的地方性植被，提高街区绿地率。同时注意建筑的节能设计，采用低技术和高技术相结合的方式，实现建筑的自然通风、采光。

2.2.2.4　文创街区绿色重构策略

文创街区一般规模比较适度，能够延续传统文化模式，在建筑风格、形态、色彩上能够延续传统建筑语汇，建筑空间尺度能够满足人的心理舒适度要求。尤其是历史建筑、环境保护较好的街区，具有深厚的文化基础，通过建筑改造更新后能够适应现代休闲娱乐的功能需求，实现形态与文化、功能的有机融合，如图 2.15 所示。文创街区应采取如下绿色重构策略：

（1）以有机更新为核心理念，节约资源，尊重街区原有的建筑、自然植被和文化要素，充分利用既有条件塑造富有文化氛围的宜居街区。街区整体形态应体现历史文化的印记，尽可能利用原有建筑进行改造，新建建筑应与旧建筑的风格、色彩、体量协调统一，体现建筑文脉的延续。

（2）针对文创街区的规模采取不同的交通组织方式，对于规模较小的街区可以限制机动车进入，主要采取电瓶车、自行车或者步行的交通方式；对于规模较大的街区，可以在局部路段允许机动车进入，倡导电瓶车、自行车和步行的交通方式。

（3）在街区景观系统设计中，注重体现街区的整体文化氛围，利用历史遗留的构筑物和设施进行改造，形成艺术化的再设计，与建筑、环境形成和谐的整体。在街区公共空间设计中，设置街区文化广场作为公共交流的主要场所，为不同类型的人群提供交流平台。

(a)   (b)

图 2.15　樟脑丸创意街区绿色重构
(a) 街区重构（一）；(b) 街区重构（二）

2.2.3　老旧街区绿色重构技术应用

老旧街区绿色重构技术就是综合运用信息技术和节能技术，建立基于绿色生态理念的技术方法，为构建基于生态优先原则的绿色街区城市设计体系提供技术保障，有助于实现生态城市的整体目标。

2.2.3.1　建筑绿色重构技术

老旧街区建筑绿色重构主要是指采取高技术手段局部或系统地使用太阳能、风能、生物质能等清洁、环保但成本相对较高的非常规能源替代对石化能源和火力发电的依赖，以达到减少常规能源消耗和碳排放的目的。在老旧街区绿色重构中倡导对清洁能源的循环利用，减少对石油、天然气等矿物质燃料的使用，从而降低能源的损耗和环境污染。如通过绿色街道、绿色建筑、生态建筑综合体的建设实现太阳能等清洁能源的循环利用，有效减少建筑能耗。如图 2.16 所示。

2.2.3.2　交通绿色重构技术

对于老旧街区的交通绿色重构，主要是通过绿色重构使街区的交通更通达有序、安全舒适，进一步完善交通功能，实现环境、社会经济协调发展的交通运输系统。

(a)   (b)

图 2.16　创意街区绿色重构
(a) 绿色街区（一）；(b) 绿色街区（二）

　　交通系统的合理规划会给公共空间的功能划分与使用带来很大的方便，而且应尽量减少行车道路对步行环境和公共休闲空间的干扰与侵入。在老旧街区的再生和重构中，应尽可能保留原有的道路交通系统。一方面，这将有助于唤起人们对过去历史形象的回忆；另一方面，又能对包括地下管线等在内的原有基础设施加以充分利用而减少工程量，从而节省投资。

　　以南昌兴柴北苑社区为例，其具体重构设计策略为街道胡同环境整治。在尊重地区历史肌理、不破坏老旧街区整体性的前提下，对街道胡同形态进行整治，完善老旧街区内部的交通功能。基于胡同原本的历史风貌，对其有选择有针对性地进行修缮和更新，以提高整个街道居民的居住安全性与舒适性。在保证不对建筑和历史风貌进行破坏的原则下，对街道进行拓宽，将街道上的私搭乱建进行拆除，通过清除障碍增加街道宽度。对街区内街道环境进行整治，在保证现有使用功能的基础上，使环境更加优良，如图 2.17 所示。

(a)   (b)

图 2.17　兴柴北苑社区街区实景
(a) 街区环境（一）；(b) 街区环境（二）

2.2.3.3　管网绿色重构技术

　　可持续城市排水系统的推广，旨在通过工程设计，对城市排水系统统筹考虑，同时引入可持续发展的概念和措施。其包含雨水收集系统、可渗透表面系统、渗透系统、输送系统、储存系统和处理系统等子系统。在街区层面，"可持续排水系统"遵循三大原则：排水渠道多样化，避免传统下水管道是唯一排水出口；排水设施兼顾过滤，减少污染物排入河道；尽可能重复利用降雨等地表水。在具体操作时，与街区内建筑、道路、场地等要素形态相结合，采取多重排水技术相结合的方式，旨在实现多重目标，包括从源头移除城市径流的污染物，确保发展项目不会增加下游的洪灾风险，控制项目的径流，结合水管理与绿化用地，以增加舒适度、文化性以及生物多样性。

例如南昌的南柴北苑社区就采用了管网绿色重构技术，更新改造后，通过对街区的供水、排水管道系统进行合理布置，给居民生活带来了便利。

2.2.3.4　环境绿色重构技术

环境绿色重构设计的主要内容包括美化老旧建筑立面、拆除私人建筑、重新修补绿化、清理乱堆乱放物料等。在城市发展过程中，种植大量的绿色植被具有非常重要的作用，能够保证城市生态环境得到更好的改善，有效减少城市污染。在老旧街区绿色重构设计过程中，应该结合该地区的土地资源利用情况、气候条件，种植一定量的绿色植被，优化城区环境。根据街区单元的布局特点，做好相应的绿地规划工作，构建合理的街区绿道系统，美化街区环境。

除此之外，在选择绿色植被时，应该遵守多样性原则，结合该地区的土壤条件，选择存活率较高的绿色植物，并选择合理的栽种方式，进一步提升绿色植物的存活率。通过种植大量的街区绿色植被，能够改进老旧街区环境，提升街区的美观性，保证生态城市绿色街区布局更加科学。例如南昌贤士湖街区，对贤士湖周边的景色进行绿色重构，改造后的贤士湖公园焕然一新。如图 2.18 所示。

(a) (b)

图 2.18　贤士湖景色

(a) 外景（一）；(b) 外景（二）

2.3　老旧街区项目安全规划设计

2.3.1　项目安全规划设计基础

（1）安全风险的综合管控。老旧街区由于自身复杂的空间环境而存在诸多安全隐患。为实现安全管控的目标，首先应把城市作为一个整体，将安全规划的理念纳入其庞大体系进行统一考虑，以安全理念为指引配合老旧街区安全规划的全面推进。

（2）安全规划的全阶段实施。通过合理的城市更新建设弥补安全规划不足，是安全规划贯穿于老旧街区建设的保证。在安全规划初期应考虑潜在致灾因子、灾时时空分异规律以及孕灾环境稳定程度等，有倾向性地选择旧城区的功能类型，完善老旧街区的安全环境。

（3）避难空间的纤维化设计。在老旧街区的空间规划中，暴露出两个主要问题：区域用地的建筑密度过高，安全避难空间极度匮乏以及缺少必要的避难设施，灾害发生时避难基本需求无法得到满足。日本东京大学教授大野秀敏针对城市旧城区内建筑密度高、开敞空间不足的问题，在东京总体规划中提出"纤维绿廊"的概念，强调开敞空间规划的灵活性与适应性。这一理念亦适用于老旧街区安全规划，构筑多尺度、多层次、均好性的安全空间体系，以充分满足用地复杂紧张情况下的安全空间总量和使用效率。

2.3.2 项目安全规划设计程序

绿色重构项目的规划设计需要制定具体合理的安全规划程序，以便指导老旧街区安全规划的编制与实施。从收集编制所需要的相关资料，编制、确定具体的规划设计方案，到规划的实施及实施过程中对规划内容的反馈，是一个完整的流程。

首先，在老旧街区安全规划的前期研究阶段，应依据街区的基本特点和现状调查，建立符合街区特点的评价要素，从而建立评价数据集，得出最终评价结果。然后，根据结果对规划实践提出规划要点，以解决评价阶段形成的街区规划问题。最后，根据规划要点形成具有针对性的安全规划方案，指导后期的管理建设，如图 2.19 所示。

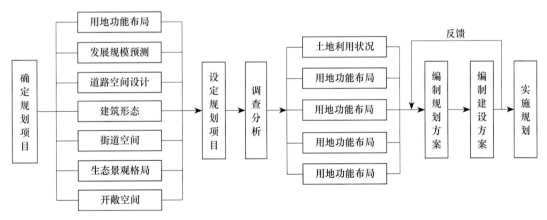

图 2.19 规划设计程序

（1）设定规划目标。设定规划目标是指导老旧街区再生利用工作的全面展开，统筹安排老旧街区再生利用的各项建设工程，改善居民生活环境，保持老旧街区的社会经济活力。

（2）调查分析。对老旧街区进行调查分析，调查分析的内容包括街区土地利用、街区道路交通、街区环境等。

（3）编制规划方案。对老旧街区再生利用编制规划方案的内容包括再生利用目标、原则以及主要内容等。内容主要包括完善基础设施、提升环境质量、完善公建配套以及完善消防设施等。旨在通过再生利用，使老旧街区达到功能完善、环境优美、节能环保、适宜人居的目的。

（4）编制建设方案。建设方案包括老旧街区再生利用的总平面图、设计说明、施工图纸（土建专业、水暖专业、设备专业、通风专业、电气专业、消防专业、室外管线等）。

（5）实施规划。根据规划方案和建设方案，展开对老旧街区的再生利用。例如，修整、翻建小区道路；整治绿化以及改善疏通小区原有消防通道和登高车操作场地，保障消防车辆顺利通行和操作等。

（6）反馈。动态的反馈机制，不仅在实际检验中能够大大提升规划以及实施的有效性，对于现阶段问题的认识也有利于下一阶段政策调整和发展策略的制定。

2.3.3　项目安全规划设计内容

2.3.3.1　安全规划设计目标

A　建筑安全体系

通过构建建筑安全体系，提升建筑抗御街区自然和人为安全损害的能力，建筑安全体系包括建筑信息采集、建筑检测评估和建筑修缮几部分，如图 2.20 所示。

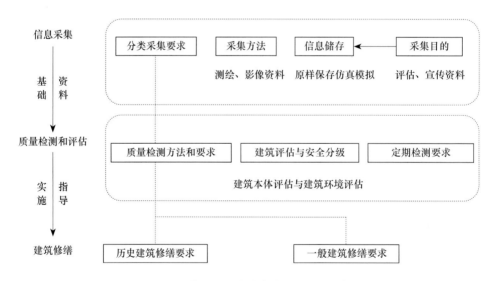

图 2.20　老旧街区建筑安全体系任务框架

（1）建筑信息采集。建筑信息采集建立在信息分类的基础上，根据建筑保护等级不同，采用不同采集深度，包括对文物保护单位和重要老旧建筑的测绘，对一般老旧建筑以照片等影像资料记录，信息采集利用方式包括作为建筑评估、灾后修复的基础资料，并可作为日常宣传材料。不同的利用方式，对信息储存和展示有不同的要求，如将重要保护建筑的信息模拟和三维展示作为老旧街区宣传的重要工具，可加强对老旧街区建筑安全的保护力度。

（2）建筑检测及评估。建筑检测评估的目的是通过建筑本体安全现状评价划分安全等级，根据不同层次的安全防护和管理要求，提升安全投入的针对性和有效性。建筑检测评估体系包括检测方法和要求的提出、建筑评估和安全分级以及定期检测管理要求三部分。

（3）建筑修缮。建筑修缮的目的是通过新材料、新技术和管理方法的引入，提升老旧建筑的抗损性、耐火性，增强对人为和自然灾害的抵抗能力。根据老旧街区建筑保护等级的不同，分别提出重点保护建筑和一般风貌建筑修缮要求。

B　道路安全体系

通过构建道路安全体系，建立高效的安全疏散道路系统，可以减小灾害对居民的伤害。结合老旧街区道路特点，解决道路安全所需要解决的核心问题包括道路狭窄、停车占用和路网连通性差等，如图 2.21 所示。

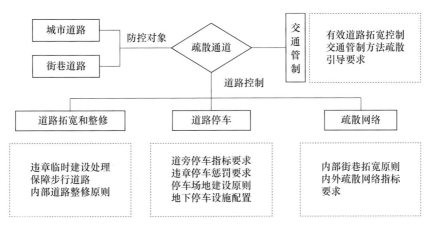

图 2.21　街区疏散道路构成和要求

2.3.3.2　街区空间安全规划

老旧街区空间安全规划主要指街区用地重新组织、交通组织以及开敞空间的合理组织等。

（1）街区用地的重新组织应该从以下几个方面展开，如图 2.22 所示。

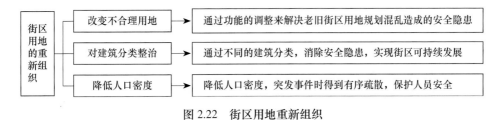

图 2.22　街区用地重新组织

（2）开敞空间的合理组织。通过合理组织老旧街区的疏散通道、规划完善避难场地，在紧急情况发生时，为人员提供有效的避难场所，是提高老旧街区安全性的重要措施。因此，根据街道的人口密度、街道条件、建筑空间等特征，合理组织或新建街道中的开敞空间，对于受灾人员就近疏散、及时避难是十分有效的。

2.3.3.3 街区防火安全规划

老旧街区火灾防控注重对于街区空间和功能层面的火灾防救和控制，旨在降低街区火灾爆发和蔓延的可能，提高街区消防疏散能力。如图2.23所示。

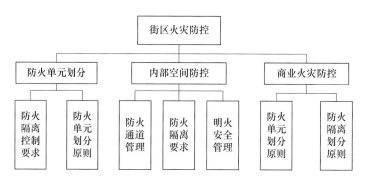

图 2.23　街区火灾防控基本任务结构

老旧街区防火单元划分要求：单元面积控制在30~40hm²，以主要道路为分界线。将保护价值大、火灾危险性高的建筑或重点控制功能区作为防火中心的核心，隔离周边火情对重要建筑的伤害；利用老旧街区原有的防火分区和防火墙建设，以及宽度较大的防火通道，作为防火隔离区划分的基础。

加强老旧街区内部空间防火能力建设，包括对内部街道、开敞空间、绿化种植等要素的火灾防御和控制。首先疏通防火通道，建立违章建筑拆除标准，加强对生活垃圾和废旧物品的处理，避免成为院落可能的火源和助燃剂。加强公共场所和开敞空间的明火管制，严禁在木结构公共建筑内部使用明火，禁止焚烧祭祀，改变家庭采暖方式，垃圾桶设烟头回收层，并明确对违章祭祀、焚烧和吸烟的惩罚措施。

2.3.3.4 街区应急空间安全规划

应急空间是老旧街区居民灾时安全躲避、灾后临时居住和救援物资配送的重要场所，需要包含一定的面积以及必要的生活设施和减灾设施。按照面积和功能分为固定避难和临时避难场；按照空间特征分为开敞空间和室内空间。

（1）适应性指标调整。以一般避难场所设计规范为依据，根据老旧街区避难空间一般特点，提出场地面积、密度、服务半径等基本指标的适应性调整建议。指标调整建议包括通过单行交通管理、加强停车和道路占用管制以及增加出入口的方式，弥补历史街区避难场地道路绝对宽度不足带来的人员、物资运送的问题。

（2）设施配置。提出固定避难场地设施配置要求。确定应急功能分区，划分指挥中心、医疗队伍、物资储备和临时居住位置，并规定平面图等指示标识的配置数量和位置，便于灾时管理。

（3）建设防灾综合公园。防灾公园是现代城市安全的重要组成部分，平时作为市民集会游憩活动场所，灾害发生时承担应急避难和灾害缓解的职能。根据老旧街区面积和安全情况，确定防灾公园面积、功能和服务半径。

同时，建立高效的安全疏散道路系统，可以减小灾害对居民的伤害。

确立老旧街区道路拓宽和整修原则：拆除违章和临时建筑，保障城市道路的人车分流，可将绿化与步行道路相结合，提高道路利用效率；明确对道旁停车和杂物堆放等道路占用行为的惩罚措施，加强管理力度。

2.3.4 项目安全规划设计成果

对老旧街区进行规划设计，是重构其风貌和实现其再生利用的关键步骤。规划设计是对老旧街区进行系统的设计分析，考虑多方面因素，并对其优化处理，规划设计成果表达如图 2.24 所示。

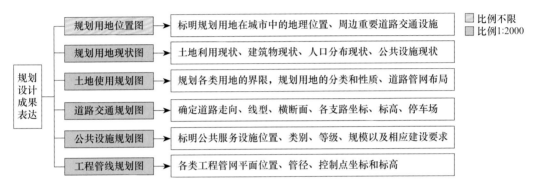

图 2.24　规划设计成果表达

控制性详细规划文件包括规划文本和附件，规划说明及基础资料收入附件。规划文本中应当包括规划范围内土地使用及建筑管理规定。

（1）规划文本。表达规划的意图、目标和对规划的有关内容提出的规定性要求，文字表达应当规范、准确、肯定、含义清楚。

（2）规划图纸。用图像表达现状和规划设计内容，规划图纸应绘制在近期测绘的现状地形图上，规划图上应显示出现状和地形。图纸上应标注图名、比例尺、图例、绘制时间、规划设计单位名称和技术负责人签字。规划图纸表达的内容与要求应与规划文本一致。

（3）附件。包括规划设计说明书和基础资料汇编，规划说明书的内容应包括现状分析、规划意图论证和规划文本解释等。

其中规划设计图纸应有相关项目负责人签字，并经规划设计技术负责人审核签字，加盖规划设计报告专用章；规划单位应具有相应的设计资质，现场规划设计人员应持证上岗，出具的规划设计图纸应具备法律效力。

2.4 老旧街区安全规划价值评定

2.4.1 安全规划价值评定基础

（1）价值论。老旧街区价值评估与一般城市价值评估相比，特别注重与街区居民相关的价值。两者结合起来构建的价值评价体系，既要符合该体系的普适性，又要考虑该历史文化街区的内涵制定特殊的衡量标准，确定其尺度。

从劳动价值论来看，老旧街区的价值通常是指其最重要的物质实体——历史建筑；效用价值更倾向于游客和居民在老旧街区内的体验感和生活感；市场价值论则说明了在对老旧街区进行价值评价时，要充分考虑供求市场的两大主体的现状，厘清谁是主导，才能更好地制定评价体系，全面反映老旧街区的价值。

（2）建筑人类学与文化生态理论。建筑人类学即是将文化人类学的研究方法等运用于建筑学的研究。研究主体除了建筑本身以外，特别注重研究与人类有关的活动，比如风俗活动、宗教信仰、社会团体活动等，这些活动从根本上会影响建筑的空间布局、外观表面和内部装饰等。

2.4.2　安全规划价值评定内容

在物质和社会、城市自身的复杂性等的影响下，老旧街区的价值也呈现复杂性和多样化。现从内在价值和现时价值两方面阐述老旧街区既有建筑价值，如图 2.25 所示。

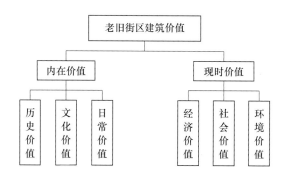

图 2.25　老旧街区建筑价值

2.4.2.1　内在价值

老旧街区建筑的内在价值即内在于建筑的固有价值，包括历史价值、文化价值和日常性价值。

A　历史价值

首先，从城市层面看，旧建筑是记录老旧街区历史的物质空间，其历史价值的核心是作为城市逐步实现自身现代性过程的见证者。其次，从建筑自身层面看，旧建筑的形式是因时间的累积而固定下来，不是很容易被迅速改变的物体。再次，从主观层面看，建筑的历史价值还在于其作为生活的背景与场所，它们可以呈现在现代社会或某个群体中，可以是人们所共享、传承以及共同建构的集体回忆。例如，武汉汉口历史文化街区，一座座历史老建筑鳞次栉比，有着浓浓的历史文化，如图 2.26 所示。

B　文化价值

建筑是城市历史文化的物质载体之一，其技术结构、材料外观、空间功能等反映了当时当地文化。首先，老旧街区中许多既有建筑虽不是文物保护建筑，但能够反映城市不同时期的文化变迁。其次，有助于保持文化的多元化。一方面，建筑作为文化的载体之一，是在特定地域中产生，并随着时代演进发生变化，建筑文化和当时当地的生活最为相关；

(a)　　　　　　　　　　　　　　　　　(b)

图 2.26　武汉汉口历史文化街区建筑
(a) 街区建筑 (一)；(b) 街区建筑 (二)

另一方面，既有建筑的结构、空间形式、节点、工艺等具有时代的特色，这些物质形式的保留，是保持建筑物质形态多元化的重要手段。同时，通过既有建筑再生，再现原有的"城市生活"和精神文化生活，从而延续多元化的建筑精神形态，如图 2.27 所示。

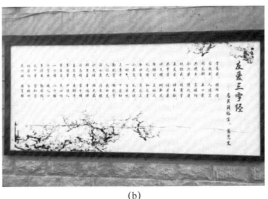

(a)　　　　　　　　　　　　　　　　　(b)

图 2.27　南昌兴柴社区
(a) 社区文化 (一)；(b) 社区文化 (二)

C　日常性价值

老旧街区是城市日常生活的重要发生地，其中建筑特有的空间形式、空间结构，在特定时期内形成了特殊的使用方式，众多的使用方式长期共同的积淀形成特殊的生活方式。建筑是对生活方式做出的一种解释，老旧街区存在于当今社会中，然而其还在最低程度上保留了一些传统的、在今日城市中显得有些过时的生活方式。具有日常性的老旧街区建筑的价值在于："这些建筑物把过去带入现代，从而使人们'现在'仍能够体验到'过去'，它们长期存在的原因并不仅仅是其初始或先前的功能，也不是文脉，而恰恰是它们自身的形式，这种形式能够因时间变化而产生不同的功能。"如图 2.28 所示。

2.4.2.2　现时价值

现时价值是既有建筑在当今城市中真实具有的那些价值，这些价值并非由它们原初设计或者历经岁月演变的历史形态带来的，而是在现时社会中体现的价值，在城市日常运行、

(a)   (b)

图 2.28 武汉汉口历史文化街区实景
(a) 街景（一）；(b) 街景（二）

实际使用中体现的"效用"，主要包括经济价值、社会价值和环境价值。

A 经济价值

老旧街区的地理位置优势十分明显，土地固有价值高，然而以往"拆旧建新"的开发模式是一种粗放式的，以消耗资源为代价的低效率的开发模式，使得依附着既有建筑的地块其土地价值并没有得到最好的利用。随着开发商思路的不断调整，他们开始关注既有建筑的再利用，在开发中尝试保留传统街区建筑特点，对土地之上附着物价值的研究，能够更好地发挥传统街区的经济价值，这对潜在文化价值的挖掘、对新的开发模式的探索、对新的评价体系的建立是十分重要的。

B 社会价值

建筑建造时需要投入大量的资本，建成后在城市中存在的时间长，产生强大的社会影响力。既有建筑所在的街区土地价值大，但由于传统功能或产业结构模式不能适应当前社会发展，导致老旧街区的土地价值与社会价值不相符，老旧街区呈现萧条的态势。通过建筑功能置换、立面改造、室内空间重组等设计手法使建筑再生，复兴衰落的街区空间。

C 环境价值

首先，建筑在老旧街区中作为特定生活方式、居住类型的物质空间。如上海里弄街区的居民构成集中于城市中某些特定阶层或群体，包括老年人与外来务工人员，这是由租金、距离工作单位近、内部成员老龄化等共同作用的结果。其次，老旧街区，特别是以街巷串联建筑的街区中，建筑的私密性与街区的公共性杂糅，形成独特的生活环境和空间肌理，对他们来说，所有空间都是公共的。最后，老旧街区往往呈现商业与居住紧密结合的场景，临街商铺与人行道共同形成了一连串凹进凸出的界面，容纳人们进入，停留在人行道上或是在其间散步。因此，从保留居住类型、延续空间肌理和街道界面而言，旧建筑都是不可或缺的元素。

2.4.3 安全规划价值评定指标与标准

2.4.3.1 安全规划价值评定指标

A 评定指标设定原则

安全规划价值评定指标设定原则如图 2.29 所示。

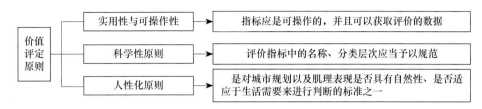

图 2.29 老旧街区价值指标设定原则

B 评定指标构成体系

建立评价体系的主要思路是：对现有的老旧街区评价体系方案进行综合性的分析和梳理，在吸取街区空间肌理保护与延续的相关经验的基础上，确定老旧街区安全规划价值评定指标体系由空间安全、文化价值、生态价值、社会价值 4 个分项组成，每个分项均采用评分项，从而建立可量化的老旧街区安全规划价值评估体系。具体内容见表 2.10。

表 2.10 老旧街区价值评定指标体系

价值评定指标	内 容
空间安全	对所属空间地上既有建筑物和环境进行系统的安全分析，确定安全等级区间
文化价值	保护有价值的街区建筑，延续历史文脉，注入新的活力，形成历史与现代相系统调的文化景观
生态价值	满足使用功能要求与经济和理性的同时，最大限度节约资源，对街区节水、节能、节地、修复并保护生态环境的效果进行衡量
社会价值	对街区为社会带来的效益进行衡量，包括最大限度满足人民的物质需求和精神需求，以及外部间接经济效益和社会影响力
总体价值	在满足安全评定的基础上，结合文化、生态及社会价值的分项评定结果，考虑评定对象的城市特征，综合考虑老旧街区的价值

2.4.3.2 安全规划价值评定标准

老旧街区安全规划价值评定应遵循因地制宜的原则，结合街区所在地域的气候、环境、资源、技术、经济、文化等特点，充分发挥老旧街区的综合价值。

A 空间安全评定标准

老旧街区安全规划价值评定空间安全评定应遵循系统化、科学化、合理化的原则，以国家现行的相关标准为指导，以现场的实测和检测数据为依据。评定结果分为四个等级，具体等级划分见表 2.11。

表 2.11 空间安全评定等级划分

等　级	状态描述	分　值
一等级	空间安全	[90，100]
二等级	空间比较安全	[80，89]
三等级	空间基本安全	[70，79]
四等级	空间不安全	[60，69]

B 文化价值评定标准

老旧街区文化价值应从整体层面、个性层面、特征层面进行保护传承，其宗旨是对传统文化的保护与延续，对历史地段和建筑群的修缮与整治。文化价值的评定应依据国家相关规范，统筹考虑建筑历史风貌、文化遗产真实性与完整性等因素。文化价值评定结果分为四个等级，具体等级划分见表2.12。

表2.12 文化价值评定等级划分

等　级	状态描述	分　值
一等级	文化价值重要	[90，100]
二等级	文化价值比较重要	[80，89]
三等级	文化价值一般	[70，79]
四等级	文化价值差	[60，69]

C 生态价值评定标准

老旧街区生态价值评定应遵循共享、平衡的理念，充分依据建筑的既有形式与结构类型进行资源分配。生态价值的评定应依据建筑的使用功能统筹考虑土地、能源、水及资源利用等因素的要求。生态价值评定结果分为四个等级，具体等级划分见表2.13。

表2.13 生态价值评定等级划分

等　级	状态描述	分　值
一等级	生态价值良好	[90，100]
二等级	生态价值好	[80，89]
三等级	生态价值一般	[70，79]
四等级	生态价值差	[60，69]

D 社会价值评定标准

老旧街区社会价值评定应遵循"以人为本"的原则，科学预测街区建筑的价值，并对不利影响提出对策建议。社会价值评定应考虑街区对社会发展的影响，以及与社会环境的交融程度。社会价值评定结果分为四个等级，具体等级划分见表2.14。

表2.14 社会价值评定等级划分

等　级	状态描述	分　值
一等级	效益良好	[90，100]
二等级	效益一般	[75，89]
三等级	效益较差	[60，74]
四等级	效益差	[38，59]

2.4.4　安全规划价值评定方法

建立规划价值评定的方法应该从实务层面，在规划和决策的脉络下考虑与遗产价值有关的整个范围，理论上，保护规划中的价值评定要解决以下四个问题：价值的描述、方法论问题与评定策略、得出价值评定的工具，以及整合评定与指导决策。其中尤以建立价值评定的方法最为关键，在实务上可从两方面入手：一是建立价值评定流程，完善评价体系要素中的价值类型与评定标准；二是应根据保护规划范围和自身脉络的特性，订立符合需求的评价标准。

（1）保护规划与价值评定的步骤。要建立落实于制度层面的价值评定方法，一方面要厘清保护规划程序中与价值评估有承续关系的相关阶段，另一方面则是要细分出价值评估的步骤，并确立其中的工作事项。前者必须提供评价目标、所需信息、方法和观点的选择，后者则是实际操作程序。

（2）运用于老旧街区领域的评价方法见表2.15。

表 2.15　价值评定方法

方　法	优　点	缺　点	适用范围
统计调查评价法	最普遍应用的方法	易受调查资料和数据的准确性影响	—
综合评分法	指标数量多，指标覆盖范围广	评标因素及权值难以合理界定	—
层次分析评法	系统灵活简洁的	指标过多时数据统计量大，且权重难以确定	应用于各个领域
德尔菲法	考虑问题更加全面，从而使结果更为合理	需要对指标是否合格进行多次筛选	广泛应用于各种评价指标体系的建立和具体指标的确定过程
因子分析法	将分析过程简便化	因子分析只能面对综合性的评价	适用于因素降维和重素筛选等方面
模糊评价法	结果清晰，系统性强	计算复杂，指标权重确定主观性较强	适合各种非确定性问题的解决

综合上述评价方法，以可持续价值评定的基本原则对老旧街区经济、环境及社会价值进行定性定量的分析。按照层级分明的方法划定了目标层、可持续系统层、因素评估层、因子评价层和方案评价层五个评价等级，各级评分并确定各指标的权重值，以此作为老旧街区可持续价值评定结果分析的前提。

3 老旧街区既有建筑安全规划

3.1 老旧街区总平面设计

3.1.1 总平面设计的原则

3.1.1.1 安全规划原则

对于老旧街区安全规划的总平面设计，主要考虑街区开敞空间合理组织、街区用地重新划分、疏散通道安全改造等方面。

街区内部道路空间在安全事故发生时主要承担着疏散和隔离两方面职能，最为主要的是疏散功能，及时有效疏散是保证老旧街区安全性的重要因素。因此，如何在老旧街区平面设计时进行灾时人员有序疏散是老旧街区改造更新重点。街区还可以起到分割防火片区的作用，将景观、活动空间串联起来，可以达到实用、美观一体的效果。

3.1.1.2 保护规划原则

老旧街区的规划以保护为主，在保护中求发展，以发展来促进更好的保护。首先，应对街区综合考虑，查阅城市规划文件，并合理划定核心保护范围和街区保护范围，做到有重点、有特色的保护，在此基础上制定具体的保护措施，编制切实可行的保护规划。其次，应对老旧街区内的具有历史文化价值的资源进行调查整理，在深入研究的基础上进行类别划分，确定保护范围内必须保留的、可以改造的和可以拆除的内容等。最后，在尊重和传承历史文脉的基础上对老旧街区进行更新，突出街巷的市井人文环境，保护传承老旧街区的特色风貌。

在对老旧街区进行保护设计时应特别注意，老旧街区的保护并不是仅对于街区建（构）筑物的狭隘保护，而应为整个街区环境的保护。对于老旧街区环境的保护，不仅反映在保护对象的扩展方面，而且还反映在对街区环境保护的物质价值的认识以及对历史环境在精神、文化方面价值的理解和评价上。从对单体、分散的文物古迹保护向对老旧街区环境整体保护转变，在完整保护的基础上，使老旧街区延续生长。

3.1.1.3 可持续原则

老旧街区再生重构应在城市资源节约和环境友好两方面具有可持续性，通过街区混合功能开发，以高度集约化的空间布局手段，改变粗放、机械、隔离的城市空间环境，促进城市自然环境、人工环境、经济环境和社会环境全面可持续发展。

在老旧街区重构中考虑可持续发展原则，首先，要促进城市街区混合功能的形成，缩短人们居住、工作、购物等日常活动的距离，完善公共交通体系，并倡导步行和自行车交通，降低汽车尾气排放量；其次，增加绿地面积，从而提高土地渗透性，优化城市自然环境；最后，积极推进建筑的节能设计和资源的重复利用，并将污染降低到最小化以保护环境。老旧街区可持续性再生重构是长期的事业，不能急于求成。保护老旧街区不仅是为了保存珍贵的建筑遗存，重要的是留下城市的历史传统、建筑的精华。

3.1.1.4　整体协调原则

老旧街区的建筑高度与尺度是保持街区整体性和协调性的重要因素。从历史看，沿街建筑的高度有不断增高的趋势，新的高大建筑不仅破坏或取代了老旧街区空间中历史建筑的统领作用，还破坏了原有老旧街道空间的尺度和比例。因此，在老旧街区总平面图设计时，应控制建筑高度，协调老旧街区建筑风貌，严格保护文物保护单位和历史建筑的现有高度，不得变更；控制沿街建筑高度以保护街区的沿街轮廓线，保证道路与历史建筑之间的视线联系，凸显风貌特色。某老旧街区建筑沿街轮廓如图 3.1 所示。

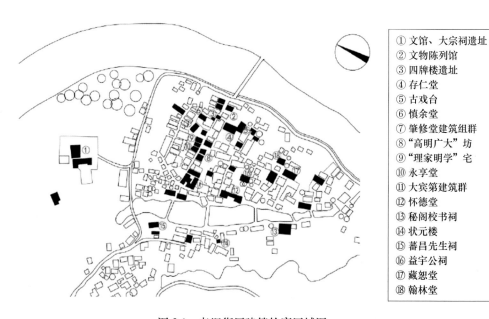

| ① 文馆、大宗祠遗址 |
| ② 文物陈列馆 |
| ③ 四牌楼遗址 |
| ④ 存仁堂 |
| ⑤ 古戏台 |
| ⑥ 慎余堂 |
| ⑦ 肇修堂建筑组群 |
| ⑧ "高明广大" 坊 |
| ⑨ "理家明学" 宅 |
| ⑩ 永享堂 |
| ⑪ 大宾第建筑群 |
| ⑫ 怀德堂 |
| ⑬ 秘阁校书祠 |
| ⑭ 状元楼 |
| ⑮ 蕃昌先生祠 |
| ⑯ 益宇公祠 |
| ⑰ 藏恕堂 |
| ⑱ 翰林堂 |

图 3.1　老旧街区建筑轮廓区域图

3.1.2　总平面设计的影响因素

3.1.2.1　既有城市肌理限制

在我国城市的老旧街区中，城市肌理对街区总平面图设计有着极大的控制力，它是街区与空地之间的关系，是一个城市多年历史积累和演变的结果，它的完整性和独特性是判别城市历史风貌特征的重要依据。

街区封闭或开放形式也较大程度上影响城市的肌理，街区街巷是封闭还是开放，已成为街区街巷改造设计考虑的首要问题。街巷空间的存在依托于里弄式街区，而里弄式街区与现时大量居住小区主要区别在于公共空间是向社会开放的。大量历史遗存的里弄式街区，其基础设施与环境条件比较落后，需要进行完善与整治，同时清理超负荷的住宅，使居住者人数回归合理。但必须确保里弄式街区的开放性，保证由公共向私密空间过渡的连续性，延续历史街巷独特的空间特征。

3.1.2.2 平面布局塑造

街区通过街区内建筑的排列组合形成丰富的街区内外空间。建筑的布局方式有两种：行列式与周边围合式。无论是从创造清晰的街区外部空间，还是从创造领域感强的街区内部空间的角度来看，围合式都优于行列式。三面围合和四面围合的街区平面能创造良好的领域感，如图3.2所示。街区空间的开口数量及尺度，是决定街坊空间围合感强弱的关键因素。通过街坊的开口，内院面向街道开放，空间得以交流，内院也有了新鲜的自然通风。在我国，南方地区的街区型居住社区围合感较强，住宅一般顺应路网，周边式布置，平面形式有矩形、半圆形、三角形、弧形及其变体；而北方地区一般通过条形住宅的错落式布局、端头住宅的形体变化形成街区空间。

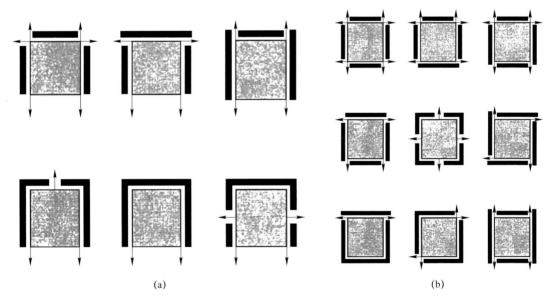

(a) (b)

图 3.2 老旧街区平面布局示意图
(a) 三面围合；(b) 四面围合

3.1.2.3 消防安全规划

老旧街区年代久远，富有时代特质和历史信息，因其街区内建筑多为木结构建筑，木材本身火灾荷载大，易燃烧；功能布局缺少合理规划，混杂用地聚集大量人流，火灾安全性差；建筑数量多、密度高、间距较小，故没有足够的防火间距，极易在发生火灾时出现火势大片蔓延的情况；老旧街区的街巷道路狭窄曲折，消防车无法顺利到达火场等消防缺陷，势必要在老旧街区重构过程中考虑消防安全的布设。老旧街区内消防通道的选择应首先考虑利用街区外围的城市道路，或在街区外围结合城市道路和防火隔离来开辟新的消防通道，旨在尽量减少对街区内部交通的依赖。

老旧街区的防火墙即是本身的防火安全屏障，但随着时间的推移，老旧街区内建筑风貌的改变或者防火墙本身破落倒塌，都会使得原有防火分区支离破碎。对老旧街区进行消防安全规划还可以从街区人口控制、街区及周边用地性质功能、城市规划及政府政策引导等方面考虑。

3.1.3 老旧街区总平面布置

3.1.3.1 空间格局塑造下的总平面布置

从国内外街区演变的情况来看，在不同时期、不同国家和地区的街区平面设计都存在着相当大的差异，在一个城市的不同发展阶段，平面布置也有着许多的变化。街区的空间格局塑造受到政治、经济、文化、社会等多方面因素的影响。

在空间格局塑造中一直有"金角、银边、草肚皮"的说法，因此，为了规划尽可能多的临街面，从整体来讲，商业价值高的地区会追求更多的临街面，如图3.3所示。

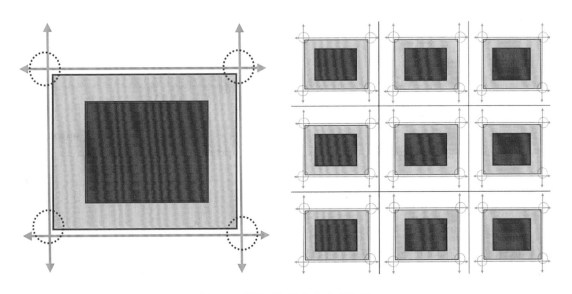

图 3.3 临街面与地块大小的关系

近年来，我国大型封闭街区的不断出现就是由于经济成本对街区空间格局的影响。由于大的街区可降低部分城市道路、绿化的投入，更重要的是可减少由于"退红线"而带来的建筑面积的损失，加上这种"大项目"的操作与施工能够在最大程度上降低人力及施工的平均成本，于是，逐渐在一些老旧街区开发中受到重视。受其影响，一些街区尺度有不断增大的趋势，尤其以居住街区为甚。大型的封闭住区在一定原因上是由于考虑平均成本的影响、开发商倾向于大规模的地块开发或合并多个地块共同建设而产生的。

例如，神垕镇老旧街区总平面布置和其空间格局息息相关，神垕老旧街区又称"七里长街"，是神垕古镇的核心区，建筑依街道顺势山势分布，建筑院落狭长，内部街巷呈树杈状走势，逐渐形成"鱼骨状"的街区平面路网结构，如图3.4所示。

神垕老街的主干街道仍然保持着传统的街巷格局，道路的宽度约6~7m，主要街道总平面布置整体呈曲线型。道路两边建筑立面丰富多变，随着街道的蜿蜒曲折逐渐地消失与再现；主要街道两侧的小街巷分支是连接街道和院落的空间载体，丰富了传统老街的空间层次。

整合神垕古镇街区空间格局、历史文化资源、城镇发展机遇、地理水系环境等因素，禹州市神垕镇旅游发展总体规划（2015—2030）中，将神垕古镇旅游空间总平面规划分为"一带一环双核四区"的发展格局，如图3.5所示。

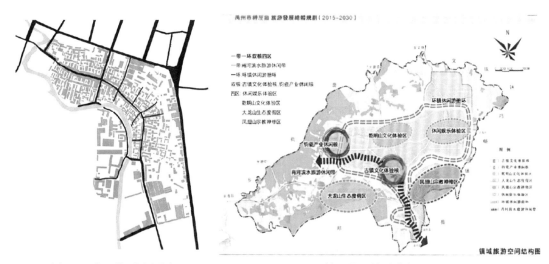

图3.4 老旧街区路网图   图3.5 神垕街区旅游空间总平面规划

3.1.3.2 老旧街区保护下的总平面布置

深化老旧街区保护与街巷的总平面布置关系密切。街区重构总平面设计应符合老旧街区整体环境和文化特色保护的要求，适度引入文化创意、展览、教育等功能。

以浦口火车站老旧街区的空间肌理演变为例，阐述"老旧街区保护下的总平面布置"。该老旧街区空间肌理较为均质，建筑为坡屋顶的建筑风格，这些由低层建筑组合而成的界面基本连续，形成统一、多样的景观风貌。自20世纪初建设至今，风貌区内部除少量4~7层的现代住宅楼外，整个风貌区内建筑肌理变化较小，如图3.6、图3.7所示，但风貌区周边区域肌理变化较大，多为6~7层现代住宅，对风貌区整体风貌稍有影响。

空间格局保护的重点在于对风貌区内整体格局、高度、历史街巷等进行控制。例如：《浦口火车站历史风貌区保护规划》为保护其绿化与民国建筑交相辉映的环境风貌，形成"三轴、四片区"的空间格局。既保留了现状道路的走向，维持了老旧街的尺度，同时也加强了风貌区与周边地区的联系，如图3.8所示。

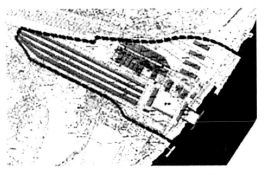
图 3.6　1930 年浦口火车站老旧街区肌理

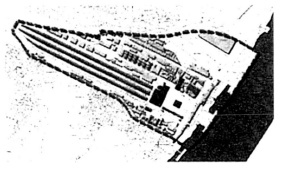
图 3.7　浦口火车站老旧街区肌理现状

图 3.8　空间格局保护规划图

3.2　既有建筑改扩建设计

3.2.1　改扩建设计影响因素

3.2.1.1　结构安全

结构安全是既有建筑改扩建时需首要考虑的因素，应针对老旧街区既有建筑改扩建转换模式，根据既有建筑结构类型，提出对应结构诊治方法，针对不同建构筑物类型采取不同的改扩建方法。既有建筑中常见的结构形式及对应的改造方法见表 3.1。

表 3.1　常见的结构形式及对应改扩建方法

结构形式	典型加固方法	适 用 范 围
砌体结构加固	钢筋混凝土面层加固	加固各类砌体墙、柱等构件
	外包型钢加固	加固各类砌体柱
	外加预应力撑杆加固	用于 6 度及 6 度以下抗震设防的烧结普通砖柱加固
	粘贴纤维复材加固	普通砖和多孔砖砌体墙的面内受剪加固和抗震加固
	增设砌体扶壁柱加固	用于 6 度及 6 度以下抗震设防的砌体墙加固
	钢丝绳网片聚合物加固	烧结普通砖墙平面内受剪加固和抗震加固

结构形式	典型加固方法	适 用 范 围
混凝土结构加固	体外预应力加固	连续梁、大跨简支梁、一般简支梁加固
	预张紧钢丝绳网片聚合物砂浆加固	钢筋混凝土梁、柱、墙等构件加固
	粘贴纤维复材加固	钢筋混凝土梁、板抗弯加固，梁、柱抗剪加固，受压构件加固及柱抗震加固等
	粘贴钢板加固	钢筋混凝土受弯、大偏心受压和受拉构件加固
	增大截面加固	混凝土受弯和受压构件加固
	外包型钢加固	大幅度提高截面承载能力和抗震能力的钢筋混凝土梁柱加固
钢结构加固	改变结构形式加固	应根据被加固结构的特点和工作条件合理选用结构形式
	增大截面加固	焊接连接、螺栓连接和铆钉连接的增大截面加固
	粘贴钢板法加固	钢结构受弯、受拉实腹式构件的加固及受压构件稳定加固
	粘贴碳纤维布加固	钢结构受弯、受拉实腹式构件的加固
	外包钢筋混凝土加固	实腹式轴心受压和偏心受压型钢构件加固

3.2.1.2 建筑红线

老旧街区由于人口、功能密集，再加上现代化交通工具机动车的引入，使得街区中步行、自行车的空间非常局促。在道路设计上保证了步行、自行车的空间需求，然而忽视了便捷性和功能性：街道界面不连续或退后太远，导致建设标准很高的步行、自行车设施上却缺乏人气。合理控制建筑高度及建筑的退线，能够使老旧街区更加有序、规范。建筑退线对比如图 3.9、图 3.10 所示，其中建筑的主题檐口高度不得超过 12m，主体建筑至少退道路红线 3m。

图 3.9　某城市道路绿化

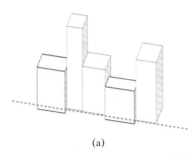 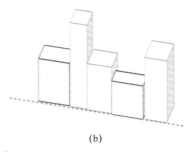

(a)　　　　　　　　　　　　　　　(b)

图 3.10　建筑退线
(a) 退线之前；(b) 退线之后

3.2.1.3　整体性保护

对于老旧街区具有历史文化的建筑要坚持整体性保护，这主要有两方面的含义：其一，是对保护建筑周边环境的保护，只有在这个基础上，主体建筑和大环境才能和谐统一。因此，应该做到真实性、完全性和延续性这三点，只有遵守了这三个原则才能最大化地实施对老旧建筑文化遗产的保护。在保护过程中为实现真实性就要重点抓住延续性和完全性，只有将其处理好，真实性才能够被反映出来，延续性和完全性的基础是真实性。其二，是老旧建筑的完整性，也就是说被保护建筑的完整性应该具备一定的程度，因为建筑的完整性越高，它所代表的历史文化价值就越高。对老旧建筑的整体性保护应做到以下几点：

（1）坚持"修旧如旧"基本的整体建筑保护的原则，对个别确有必要进行拆除和重建的特殊建筑，应当采取渐进可持续的方式进行更新。

（2）新建筑的建造以及其周边的环境的建造设计应当一定程度上有助于保护和强化老旧街区的整体风貌特征的作用。

（3）要充分考虑新改建的建筑与老建筑之间的和谐统一性。

（4）局部改建的建筑应当尽可能满足当前设计的需求，凸显新时代建筑改造的设计方法及策略，进一步有效凸显新旧建筑统一的综合价值。

老旧建筑价值的一个重要评判标准就是建筑的完整性，完整性是指建筑不论是单体还是其所处的大环境，甚至其装饰、材料等都具备一定的完整性。

3.2.2　改扩建方案设计要点

3.2.2.1　空间改造设计要点

对既有建筑进行整体重构，需灵活划分重组空间，在空间相对高大的既有建筑内部，可以通过一些常见的处理方式在一个较大的空间中划分出更小的空间来，使得小空间可以更加灵活，从而可以发展不同的空间功能。

A　整体空间改造

（1）垂直分隔。垂直分隔的方法主要分为沿空间竖直方向加设界面和减少界面两个方法。将室内空间沿竖直方向加设界面，会使整体空间更加具有层次感，常采用增层、夹层等手段来实现垂直分隔，以提高空间利用率形成多样化的空间效果，如图 3.11 所示。

（2）水平分隔。这种空间重构的设计手法一般用于结构形式为框架结构的既有建筑，这种设计手法在满足使用者需求的基础上，对既有空间进行小规模的改动，通过增加隔墙的方式，将大空间分隔组合成多个小空间，以满足使用用途，如图 3.12 所示。需要特别指出的是，增加隔墙的重构方式由于在原空间上新增了结构荷载，所以原建筑的结构受力体系需要达到一定的要求。

（3）内部空间合并。在既有建筑改造过程中，当新的使用功能需要的空间比既有建筑的空间大的时候，就需要把部分楼板或隔墙拆除，将较小的空间合并成较大的空间。建筑师在设计时通常会考虑保留建筑的主要承重结构，拆除部分楼板，使原来的两层合并为一层，增加室内空间的高度和空间感，如图 3.13 所示。

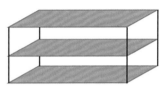  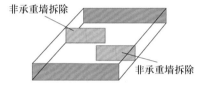

图 3.11　空间垂直分隔　　　　图 3.12　空间水平分隔　　　　图 3.13　内部空间合并

B　局部空间改造

局部空间的重构具有规模小、时间短、操作灵活、造价相对低等优势，因此被广泛运用于实际改造工程之中。这种方式往往更加灵活、更加多样化、更加生活化，可以使既有空间得到最大化的利用。

（1）局部增建。新的使用功能必然会对既有建筑提出新的要求，局部增建过程中主要分为以下几种方式，见表 3.2。

表 3.2　局部增建的几种方式

增建方式	具 体 要 求
插入新空间	新的功能必然会对室内空间提出新要求，有时就需要在既有建筑与新建筑间增建新的功能空间，常见的插入新空间的改造部位有楼梯、走廊、门厅和中庭等
局部加建	根据室内空间利用的新功能，在既有建筑内部加建新的功能空间

（2）局部拆减。在对既有建筑更新改造时，为了更好地改造既有内部空间，有时也会适当拆除既有建筑的部分内部结构，对建筑内部空间进行重新划分。室内空间局部拆减可以使空间跨度增大，提供更多的回旋余地。

3.2.2.2　空间增层设计要点

老旧街区既有建筑的增层改造已被广泛应用，在增层改造过程中，原建筑大部分都存在不同程度的结构缺陷、不满足抗震要求、设备老化等问题。因此，在既有建筑增层改造前，需对原建筑进行结构检测、鉴定和评估，然后根据评估结果确定原建筑是否具备增层改造的条件、增层改造后的建筑是否满足结构安全和抗震要求。

A 直接增层

对既有建筑适当处理后，不改变结构承重体系和平面布置，在其上部直接加增层，如图 3.14、图 3.15 所示。具体改造方法的选择要根据原有建筑结构的实际情况，直接增层的方法适用于多层砖房结构、底层框架上部砖房、多层内框架砖房结构、多层钢筋混凝土结构房屋，这四种结构在老旧街区的既有建筑中也较为常见。

图 3.14 增层改造前　　　　　　　　　图 3.15 增层改造后

在一般建筑物的长期荷载下，由于地基土的压缩和固结，土壤的承载力会得到提升。当采用直接增层方法时，首先计算增层部分的结构内力，然后将内力加到原始建筑物上，并计算原始建筑物的承载能力，主要包括地基承载力计算，钢筋混凝土结构的抗弯和抗剪试验，砖混结构承重墙的承载力等四个方面。检查框架结构的框架承载能力，并将屋面板改为楼面板后的承载能力。

B 外套框架增层法

外套框架增层法即在原建筑物上增设外套结构，增层荷载通过在原建筑物外新增设的墙、柱等外套结构，传至新设置的基础和地基上。当大型建筑机械和设备难以起作用，并且施工也会对原始结构构件产生不利影响时，通常会根据建筑结构的现有条件，采用直接增层法、外套框架增层法、室内增层法等。在这些方法中，外套框架增层法是最常用的方法。

当既有建筑增层层数较多、荷载较大或增层部分需要较大的开间，原建筑的墙体、柱和基础等不能满足承载力的要求时，通常采用外套框架增层法对原建筑进行增层。外套框架结构增层法可以避免直接增层而原有结构承载力不足的弊端。

C 下挖增层法

下挖增层法是在建筑物底层向下挖，实现空间的扩大，加设地下增层从而达到扩大建筑使用面积的目的。既有建筑下挖增层改造将会改变建筑基础受力或桩的顶部承载性状发生改变，技术难度也会随下挖深度增加。下挖增层法的选择要根据具体的建筑基础形式来定，并不适用于任何建筑，且对建筑局限性较强、技术难度较大、成本较高，目前的应用较多的只是针对建筑底层进行局部下挖；该法的优点在于改建过程中地上建筑部分不受影响且外貌、建筑高度等均不发生变化。

D 室内增层法

建筑室内增层，俗称夹层，当既有建筑的室内净空较高时，可在室内增层。既有建筑室内增层改造的优点在于几乎不改变原建筑立面，尤其适用于具有历史价值、极具文化纪念意义、历史文化区等需要对原建筑外貌进行保护的既有建筑，可以较好地保护建筑外观原状。在进行室内增层改造时，应注意增层部分与原建筑的结构基础以及管网布置之间的相互联系和影响。

3.2.2.3 空间外接设计要点

A 独立外接

独立外接结构，即为分离式结构体系，是既有建筑结构与新增结构完全脱开，独立承担各自的竖向荷载和水平荷载。外接部分体量相对较小，但由于独立外接部分与既有建筑相互分离，一般常见于采用砌体结构和钢结构等形式。

B 非独立外接

非独立外接结构的特点主要包括：

（1）非独立外接部分的荷载通过新增结构直接传至新设置的基础，再传至地基。

（2）非独立外接部分施工期间不影响既有建筑的施工、使用和维护。

（3）非独立外接部分与既有建筑部分相比，体量较小，仅作为既有建筑部分的补充，以完善和方便既有建筑再生利用后的运营和使用。

（4）非独立外接的部分是完全新建的建筑，其建筑立面、装修风格等可与周围建筑物相协调。

3.2.3 改扩建设计方案的选择

3.2.3.1 改扩建设计方案的协调性

老旧街区改扩建协调性，即在对老旧街区改扩建设计时以保护与持续发展为视角，在系统论、协同观指导下，实现建设控制地带与核心保护区两者的环境协调、功能适应、交通整合、生活空间延续的协调发展关系，使两个子系统发展具有有序性和整体性，进而形成一种良性的发展关系。具体来说，设计方案在空间环境上宜通过街巷格局、建筑风貌、景观环境等空间营造，保证建设控制地带对核心保护区外部空间的协调；在空间功能、空间秩序和生活空间三个方面，宜通过对两个区域文化与商业功能协调、整体空间秩序整合、服务设施建设与场所构建满足老旧街区建设控制地带对核心保护区的文化与生活空间协调，促进街区传统生活方式与现代社会生活环境的协调。

3.2.3.2 改扩建设计方案的保护性

以武汉市东西湖区某改扩建项目为例，对改扩建设计方案的保护性加以说明。该项目原建筑为多层框架结构、坡屋顶，主体建筑室内中心有四层挑空大厅，两侧有步行梯，作为垂直交通，室内装饰琐碎且无整体特点。在室内空间上，入口空间视觉效果低矮，光线较暗，层高较低，但中庭却是三层楼高的空间，顶部采用天窗采光，原顶楼空间沉闷燥热，空间利用率极低。

以功能升级改造为主，尽可能保持原有建筑主体结构，减少拆建工程量。原场地建筑在形式表达上寡淡无味，无法彰显出该项目应具备的文化氛围，因此在改造过程中对场地植入相应色彩，增加场所的文化氛围感。采用连续性的拱柱形式取代标准化的开窗，并由室外延伸至室内，用统一的空间语言来营造出一个特别形式感的场所。

为了展现一体化设计思路，重新展现空间所具有的精神意义，保留了挑空大堂的中庭楼梯，将室外的圆拱形式和红色陶片砖引入到室内，如图 3.16 所示，强化楼梯在空间中的构成作用，将楼梯与元素整合成统一简洁的立面语言，之间的界限也变得模糊，开敞楼梯造型与连续的圆拱造型富有象征层面的独特空间。融入窑洞拱形造型、五角星等元素，营造红色特色；外立面整体考虑，规整造型，利用玻璃材质，将室外景色与光线引入到室内，减弱了室内外之间的界限，强调了场所感。

图 3.16　室外改造效果图

3.3　既有建筑结构加固

3.3.1　结构加固影响因素

3.3.1.1　加固方法适用性

主体结构加固的方法有很多，包括混凝土结构加固、砌体结构加固和钢结构加固等。不同材料的结构、不同的加固需求，其加固方法也不尽相同。混凝土结构的加固技术主要分为直接加固与间接加固两类，其中直接加固技术是直接针对结构构件或节点承载力提高的加固，例如增大截面法、置换混凝土法、外包钢法、外粘钢法、黏结纤维复合材料法等；间接加固技术是针对结构整体，减小或改变构件内力的加固，例如外加预应力法或增设支点法等。除此之外，还包括与加固配合使用的技术，例如植筋技术、锚栓技术、裂缝修补技术、托换技术、化学灌浆技术等。

砌体结构加固技术主要分为构件加固与整体性加固两类，其中构件加固技术是直接针对结构构件或节点承载力提高的加固，例如钢筋网水泥砂浆面层加固法、增大截面法、注浆或注结构胶法；整体性加固技术则用于当建筑整体性不满足要求时，可采取增设抗震墙或外加圈梁、混凝土柱等方法，例如增设结构扶壁柱法等。

钢结构加固技术根据加固的对象可分为钢柱的加固、钢梁的加固、钢屋架或托架的加固、吊车梁的加固、连接和节点的加固、裂缝的修复和加固等。根据损害范围可分为两大类：一是局部加固，一般只对某些承载能力不足的杆件或连接节点进行加固；二是全面加固，即对整体结构进行加固。总体来说，钢结构的加固，常用的加固技术包括改变结构计算简图加固、增大构件截面加固、加强连接加固及裂纹的修复与加固等。

3.3.1.2　空间需求

既有建筑改建为不同大小空间的建筑是目前工程项目中出现的一种新的类别。由于其结构改造量大、施工复杂、承载力改变，故需要对建筑的既有构件进行加固。为了满足不同空间组合的建筑改造需求，常用的改造方法为碳纤维布加固法、外包钢加固法。

碳纤维布是指具有高强度以及高韧性的非金属材料加固层，例如高强度玻璃纤维或者高强度碳纤维布等，如图 3.17 所示。碳纤维布加固就是根据加固施工前的检测结果，针对房屋结构的薄弱处利用高强度的纤维布进行应有的加固处理，而且这种加固方法得到的效果相对美观，满足大空间的使用需求，是碳纤维加固法的优势之一。除此之外，碳纤维加固法也凭借着其本身的高效性以及良好的耐久度等特点而被广泛运用。

在建筑结构的两个面上或者其周身进行高强度钢包扎的加固方法，被称为外包钢加固法，如图 3.18 所示。这种技术可满足既有建筑改扩建的空间需求，以将房屋建筑结构本身的承载力进行大幅度提升。加固施工时，建筑结构的截面形状不同，则与之对应的包钢方式就应该有所变化。例如，横向加缀板的包角钢的方式，适用于矩形或者方形截面；而扁钢套箍加固法多用于房屋建筑截面的结构为圆柱或弧形的情况。

图 3.17　碳纤维布加固法

图 3.18　外包钢加固法

3.3.2　结构加固方案设计

3.3.2.1　混凝土结构加固

A　加大截面法

加大截面加固法，顾名思义，是采用同种材料——钢筋混凝土，来增大原混凝土结构截面面积，达到提高结构承载能力的目的。在我国，加大截面法是一种传统的加固方法，优点是工艺简单、适用面广，可广泛用于一般梁、板、柱、墙等混凝土结构的加固；缺点是现场湿作业工作量大、养护期较长、对生产和生活有一定影响，截面增大对结构外观及房屋净空也有一定影响。加大截面法的加固效果与原结构在加固时的应力水平、结合而构造处理、施工工艺、材料性能以及加固时是否卸荷等因素直接相关。

加大截面加固法在设计构造方而必须解决好新加部分与原有部分的整体工作共同受力问题，常见的加大截面加固法有梁加固和柱加固，如图 3.19、图 3.20 所示。从设计构造上配置足够的贯穿于结合面的剪切摩擦筋或锚固件将两部分连接起来，是确保结合面能有效传力，并使新旧两部分整体工作的关键。加大截面法施工工艺如图 3.21 所示。

图 3.19　加大截面加固法（梁）

图 3.20　加大截面加固法（柱）

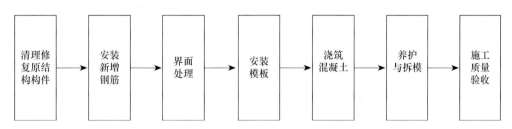

图 3.21　混凝土构件增大截面法施工工艺流程

B　外包钢加固法

外包钢加固法是以型钢外包于构件四角的加固方法。在我国，外包钢加固法也是一种使用面较广的传统加固方法，优点是施工简便、现场工作量较小、受力较为可靠，适用于使用上不允许增大原构件截面尺寸，却又要求大幅度地提高截面承载能力的混凝土结构加固。

外包钢加固分湿式和干式两种情况，如图 3.22、图 3.23 所示。湿式外包钢加固，外包型钢与构件之间采用乳胶水泥粘贴或环氢树脂化学灌浆等方法黏结，型钢与原构件能整体工作、共同受力。干式外包钢加固，型钢与原构件之间无任何黏结，有时虽填有水泥砂浆，但并不能确保结合面剪力和拉力的有效传递，外包钢架与原构件不能整体工作，彼此只能单独受力。与湿式外包钢相比，干式外包钢施工更为简便，但承载能力提高不如湿式外包钢有效，外包钢具体施工流程如图 3.24 所示。

图 3.22　湿式外包钢加固法（梁）　　　图 3.23　干式外包钢加固法（柱）

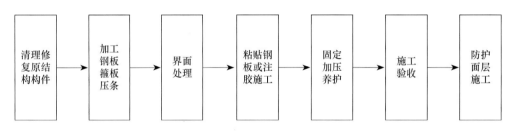

图 3.24　混凝土构件增大截面法施工流程

C　增设支点加固法

增设支点加固法是用增设支承点来减小结构计算跨度，达到减小结构内力和提高其承载能力的加固方法。其优点是简单可靠，缺点是使用空间会受到一定影响。这种方法适用于梁、板、桁架、网架等水平结构的加固。

3.3.2.2　砌体结构加固

A　水泥砂浆面层和钢筋网砂浆面层加固法

水泥砂浆面层加固是用一定强度等级的水泥砂浆、混合砂浆、纤维砂浆及树脂水泥砂浆等喷抹于墙体表面，达到提高墙体承载力目的的一种加固方法，如图 3.25 所示。优点是施工简便，适用于砌体承载能力与规范要求相差不多的静力加固和抗震加固。

钢筋网砂浆面层加固是在面层砂浆上配设一道钢筋网、钢板网或焊接钢丝网，达到提高墙体承载力和变形性能目的的一种加固方法，如图 3.26 所示。优点是平面抗弯强度有较大幅度提高，平面内抗剪承载力和延性提高较多，墙体抗裂性有较大幅度改善，适用于静力加固和中高烈度的抗震加固。

B　托梁换柱或加柱

托梁换柱主要用于独立砖柱承载力严重不足的情况，先加设临时支撑，卸除砖柱荷载，

图 3.25　水泥砂浆面层加固法

图 3.26　钢筋网砂浆面层加固法

然后,根据计算确定新砌砖柱的材料强度和截面尺寸,并在柱梁下增设梁垫,如图 3.27 所示。其步骤是:首先设临时支撑,然后根据标准规范的规定,并考虑全部荷载均由新加的柱承担的原则,计算确定所加柱的截面;部分拆除原有砖墙,接槎口成锯齿形,如图 3.28 所示;然后,绑扎钢筋、支模和浇混凝土。此外,还应注意验算地基基础的承载力,若不足则还应扩大基础。

图 3.27　砌体结构托梁换柱

图 3.28　砌体结构加柱

3.3.2.3　钢结构加固

钢结构加固技术涉及两个方面:一是对钢结构建筑物进行的加固,二是对混凝土结构、砌体结构等建筑物采用钢材进行的加固处理。当钢结构存在严重缺陷、损伤或使用条件发生改变,经检查、验算结构的强度(包括连接)、刚度或稳定性等不满足设计要求时,应对钢结构进行加固,常用的柱加固方法如下。

A　钢柱加固

(1)补强柱截面。一般补强柱截面采用钢板或型钢,通过焊接或高强螺栓与原柱连接成一个整体,如图 3.29、图 3.30 所示。柱截面加固时,新增钢板在长度范围内遇到横向加劲肋或缀板等零件时,一般应将横向加劲肋或缀板等割断,待柱肢加固结束后,再将它们焊接复原。当需要更换锚钉加固时,需将原先的全部铆钉孔或部分铆钉孔的孔径扩大以避免因铲除原铆钉而引起的孔壁损伤。

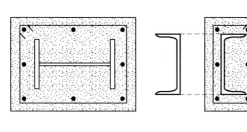

图 3.29　补强截面加固柱示意图　　　　图 3.30　补强截面加固柱施工图

（2）增设支撑。增设支撑用以减小柱自由长度，提高承载能力。例如，图 3.31、图 3.32 所示增设支撑形式，在截面尺寸不变的情况下提高了柱的稳定性。

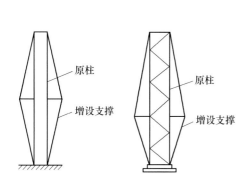

图 3.31　增设支撑加固柱示意图　　　　图 3.32　增设支撑加固柱施工图

（3）在钢柱四周外包钢筋混凝土进行加固，可明显提高承载能力。原来的型钢柱（或构架）截面尺寸不是很大，可采用全截面外包混凝土加固；如果原钢构架柱的截面较大或原柱承载力差得不多，或因压肢稳定等因素所致的原柱承载力不足，则只需对压肢作外包混凝土的办法予以加固，形成组合结构。外包混凝土中应配置纵向钢筋和箍筋。纵向钢筋和箍筋的构造要求与普通钢筋混凝土柱相同。外包混凝的边缘至型钢光面边的距离不宜小于 50mm，至型钢凸缘面间的距离不宜小于 25mm。加固柱的截面承载力可采用劲性钢筋混凝土结构的计算方法进行设计。

B　钢梁常用加固方法

（1）补增梁截面加固法。梁可通过增补截面面积来提高承载能力，焊接组合梁和型钢梁都可采用在翼缘和腹板上焊接水平板、垂直板和斜板来加固，也可用型钢加焊在翼缘和腹板上；当梁腹板抗剪强度不足时，可在腹板两边加焊钢板补强，当梁腹板稳定性不能保证时，往往不采用上述方法，而是设置附加加劲肋；用圆钢和圆钢管补增梁截面是为了施工工艺方便，如图 3.33 所示。

（2）改变结构计算图形加固法，如图 3.34 所示。把支座部分的梁上下翼缘焊上钢板，使各单跨梁变成连续体系，该钢板所传递的力应恰好与支座弯矩相平衡，这样可使跨中弯矩降低 15%～20%，采用这种加固方法会导致柱子荷载增加，应再验算柱子是否符合要求。

图 3.33　增大钢梁截面施工图　　　　　图 3.34　增设支撑加固梁施工图

（3）下支撑构架加固梁方法。当允许梁卸荷加固时，可采用下支撑构架加固，各种下撑杆使梁变成有刚性上弦梁桁架，下撑杆一般是非预应力的各种型钢，也可用预应力高强钢丝束加固吊车梁。

3.3.2.4　木结构加固

木结构是老旧街区既有建筑常见的结构形式之一，木结构建筑外形宏伟、美观、精巧，常使用在重要建筑物及具有纪念意义的场合，如寺庙、宫殿及历史古迹等地方。这些木结构建筑随着时间的延续会出现腐蚀、虫蛀、裂缝、变形等缺陷及人为的破坏。因此，为避免这些具有重要历史、艺术、旅游价值的古建筑损坏或毁灭，必须加强对这些古建筑的保护工作，加强木结构的加固工作。

常见的木结构出现的问题有：（1）建筑结构存在改动，原受力体系改变，加固处理并不牢固；（2）土坯墙根部出现酥松、剥落现象；（3）部分木柱垂直度、裂缝尺寸超过规范要求；（4）梁柱连接节点接榫松动，木柱地脚枋被拆除，木柱未与基础可靠连接；（5）构件出现虫蛀、腐蚀现象；（6）加固使用的方钢管、工字钢未与主体结构可靠连接，焊接质量差。针对上述问题常见的木结构加固方法见表 3.3。

表 3.3　常见的木结构加固方法

类　　别	内　　容
土坯墙整改处理	对于出现酥松、剥落的土坯墙，首先将此部分墙体剔除，在完好墙体上外挂钢丝网，使用水泥砂浆对整块墙体进行抹面处理，防止雨水对墙体冲刷。土坯墙根部现浇混凝土坎台（坎台高 150mm 左右），并且在根部设置引水沟，防止雨水聚集
木柱裂缝加固处理	木柱裂缝深度较小时，可采用木条嵌补处理，并使用耐水胶粘牢，除此之外，应在裂缝宽度最大处设置两道扁铁环箍，从而防止裂缝进一步扩展

续表 3.3

类 别	内 容
梁柱连接节点加固处理	连接节点接榫松动是由于木柱倾斜而造成脱榫，可先将柱拔正，后对榫卯进行拉结，加固用扁铁尺寸为 4mm×40mm，螺栓为 M12 螺栓；若梁柱连接节点加固处理是由于榫头腐蚀、断裂而产生松动，可先将腐蚀、破损部分削除，削除后先进行防腐处理，后将新制木楔嵌入卯口内，并使用密封胶将缝隙灌严
虫蛀及腐蚀处理	可将轻微腐蚀部位剔除，并使用不饱和聚酯树脂（针对柱）、环氧树脂（针对梁枋）进行修补。针对木材表面出现的蛀眼，可采用喷雾法多次喷涂药剂，并使用塑料薄膜进行包覆，防止药力挥发损失
结构整体性降低	部分楼板被人为拆除，使得结构整体性降低，可使用木剪刀撑对拆除楼板部位进行加固，木剪刀撑上部与柱顶相连，剪刀撑与木柱通过螺栓相连，同时在木柱间设置穿枋，提高整体性
拼接缝未进行加固处理	木柱拼接缝未进行加固处理，成为潜在危险点，针对此种情况，使用 8 号铁丝对拼缝处缠绕形成环箍，环箍应包覆整拼接缝，铁丝收头位置采用铁钉钉牢，并在环箍外侧涂抹环氧树脂
屋面瓦易被吹落	采用高延性混凝土对瓦缝处进行压抹，从而增加瓦片间整体性

3.3.3　结构加固方案优化

老旧街区既有建筑结构改造施工中的加固方案优选，是依据科学的方法，按照一定的程序，对所备选的加固方案进行优劣排序，从而最终优选出最合理的加固方案。

加固方案优选应用在结构加固前的加固方案选择阶段，综合考虑定性和定量因素并进行最优加固方案选择。众所周知，确定某一事物通常要考虑多方面的因素或指标，因此，必须综合考虑多种因素，然后最终确定加固方案。不同的建筑根据结构形式及情况的不同会有不同的加固方案。鉴于在老旧街区既有建筑中砖混占比较大，本节以某砖混居民楼为例进行方案优化分析。

位于某地区前进路北街 4 号居民楼，砖混结构，楼体共有 5 层，共计 1 个单元楼体，此住宅楼使用墙下钢筋混凝土筏板作为建筑物基础。纵向轴 1 与轴 2 之间区域，窗户大幅度变形，其上方的圈梁已经有裂缝，如图 3.35 所示。在复核计算后，实施对横向 A 轴以南的墙体和基础以及纵向轴 2 的东西两侧的墙体的加固处理。

在纵向轴 2 与横向 A、B 轴之间的原厚度为 240mm 的

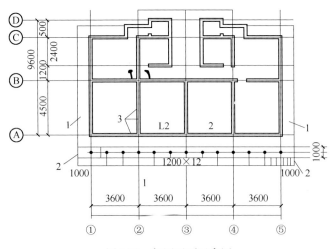

图 3.35　加固平面示意图

1—原基础；2—加固基础；3—增加梁

墙体两侧，以及横向轴 A 轴与纵轴 1~5 之间的原厚度为 240mm 的纵墙南侧之间的位置进行浇筑。浇筑 60mm 厚的 C20 细石混凝土，使用双向 $\phi6@200$ 的钢筋，用膨胀螺栓连接墙体，间距控制在可固定钢筋网的范围内。一侧加固剖面如图 3.36 所示，两侧加固剖面如图 3.37 所示。

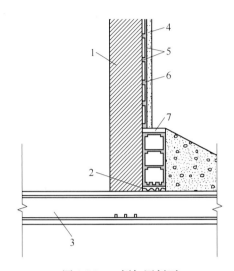

图 3.36　一侧加固剖面
1—原墙；2—表面凿毛；3—原基础；4—加固墙；
5—双向 $\phi6@200$；6—膨胀螺栓 7-L2

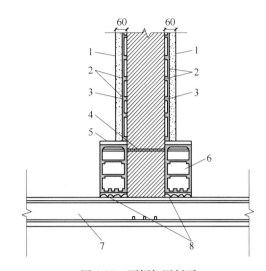

图 3.37　两侧加固剖面
1—加固墙；2—双向 $\phi6@200$；3—膨胀螺栓；4—$\Phi14@1000$；5—L1；
6—L1：300mm×600mm：$\phi8@200(2)$，4$\Phi25$，2$\Phi25$，G4 $\Phi14$；
7—原基础；8—表面凿毛

3.4　既有建筑电梯设置

3.4.1　电梯设置影响因素

3.4.1.1　电梯出入口形式

受建筑物建筑形式、建筑风格、建筑年代等因素影响，电梯出入口的选择形式也略有不同，但出入口的布置应秉承不改变既有建筑物的结构形式，不破坏建筑物的既有形式的基本原则，并能满足现代化城市建筑的基本要求；此外，出入口形式还应该针对既有建筑内部结构以及建筑外环境合理布置，为居民最大限度地提供方便。

依据现场环境不同，可将电梯的出入口形式细分为四种：一是双开门、贯通式出入口，如图 3.38 所示；二是出入口直接与原有楼道相连，如图 3.39 所示；三是电梯出入口采用直角开门，可在边上乘电梯，如图 3.40 所示，这种布置形式能够节约空间；四是电梯和楼道之间设置过道，居民通过过道搭乘电梯，如图 3.41 所示。设置电梯出入口时应结合既有建筑物的内部结构，并对公共空间、建筑采光等相关因素进行考量，避免电梯出入口的布置给居民带来不便。

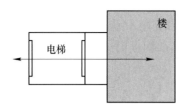

图 3.38　双开门、贯通式出入口

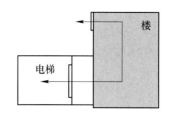

图 3.39　出入口直接与原有楼道相连

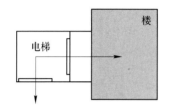

图 3.40　电梯出入口采用直角开门

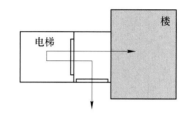

图 3.41　电梯和楼道之间设置过道式

3.4.1.2　电梯轿厢及井道

既有建筑电梯改造工程主要是为满足老年人的日常出行需求，由于很多老年人腿脚不灵活，日常出行需要乘坐轮椅，因此电梯轿厢的大小应满足轮椅的尺寸。轮椅的常规尺寸宽度约为 650mm，同时还需要一定的操作空间，因此电梯出入口的宽度应该满足 800mm；此外，轮椅的总长度一般不超过 1100mm，电梯轿厢的深度大于 1100mm 即可，这样就能满足老年人的日常出行需求。

为消除电梯出入口与地面之间的高度差，最大限度地为既有住区老年人提供舒适、方便的环境，只要将电梯井底坑深度向下挖 200~300mm 即可；同时为了降低电梯顶层高度，可以采用永磁同步无齿轮主机无机房形式，这可降低顶层高度约 3500mm。降低电梯井的底坑深度和顶层高度能够大大降低施工难度，提升建设安全性。

3.4.1.3　建筑物沉降

为解决建筑物沉降给电梯带来的不良影响，在应对建筑物沉降问题上可采用的设计有：考虑到建筑物地面因为时间久，可能会出现下沉不均匀的情况，故在设计上，将井道钢架与墙体之间的连接平台采用垂直方向可相对移动，平面位置相对固定但可旋转的结构；考虑到雨水侵蚀可能会导致电梯零部件损坏的情况，钢架井道与墙体之间接触边缘可采用相镶重叠结构，如图 3.42 所示。

图 3.42　相镶重叠结构

3.4.2　电梯间结构设计

3.4.2.1　外廊式电梯间

（1）开敞外廊式。疏散走道与外墙外面的开敞外廊相连接，人们通过开放式的外廊进入楼梯间和消防电梯间安全疏散。开敞式电梯间的优点在于，发生火灾时，烟气通过走道进入外廊后，随即就扩散到大气中，从而使楼梯电梯间安全，能正常的使用，保证疏散，如图3.43所示。

（2）封闭外廊式。就是开敞式外廊用能开启的玻璃窗将外廊封闭的形式。开敞式外廊用在我国南方比较合适，因冬季南北方的温差很大，当北方零下30℃时，南方却是零上10℃，四季如春。在北方最好是封闭式外廊，如图3.44所示。

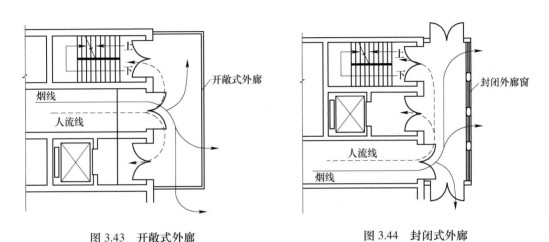

图3.43　开敞式外廊　　　　　　　　　　图3.44　封闭式外廊

3.4.2.2　靠外墙前室有窗式

楼梯间和电梯间都设有排烟前室，而前室靠外墙都设有能开启的窗子，同时排烟前室又用防火门与楼梯间、电梯间及疏散走道互相隔开。此种布置形式，有单用和合用的排烟前室两种方式，如图3.45、图3.46所示。

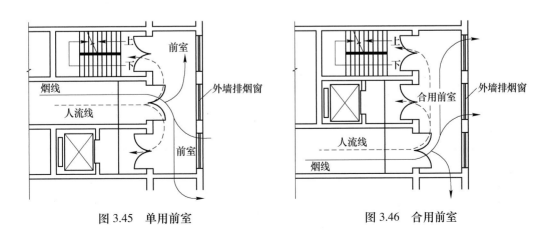

图3.45　单用前室　　　　　　　　　　　图3.46　合用前室

3.4.2.3   内廊前室无窗式

既有由于结构形式和功能要求，把防烟楼梯间和消防电梯间放在建筑物内廊的位置上，故防烟楼梯间和消防电梯间以及前室均处在黑房间之中，采光靠人工照明，通风换气也不能直接靠窗进行。因此要保证楼梯间及电梯间的前室无烟，并有良好的疏散条件，就必须在前室内采取必要的排烟和通风措施。

3.4.3   电梯间设置方案选择

3.4.3.1   电梯间方案要点

电梯间设计应满足以下方面要求：

（1）机房应有良好的自然通风和天然采光，考虑隔热保温。机房地板应能承受600kg/m（杂物梯为40kg/m）的均布荷载。在机房的井道平面范围内应设有承重梁，以承重整个传动系统及其负载的全部荷重，在井道范围的机房顶部应设吊钩，其承重量：对额定起重量为500~3000kg的电梯不小于2000kg；对额定起重量为5000kg的电梯不小于3000kg。

（2）通到机房的通道和楼梯宽度不小于1200mm，楼梯坡度不大于45°。

（3）速度1.5m/s以上的直流梯最好在机房附近另设发电机组机房。

（4）井道应是电梯专用。井壁要求垂直平整，其偏差值不得大于+50mm。

（5）厅门口尺寸为装修后的尺寸，建筑上应考虑装修的预留量。

（6）速度2m/s以上的乘客电梯，在井道的顶部和下部应有不小于300mm×600mm的通风孔，当井道较高时，在中间各层也应酌情增加通风孔。

3.4.3.2   电梯间设计方案案例

为了提升城市治理水平、改善人居环境，北京市近年来大力推进老旧小区综合整治工作，其中一个重要内容就是既有多层住宅加装电梯项目。本节以北京市2017年老旧小区综合整治9个试点之一的毛纺北小区为例，进行既有建筑电梯设置方案选择的分析，小区区位如图3.47所示。

北京市海淀区清河街道的毛纺北小区，始建于1992年，占地面积3.99hm²，总建筑面积633hm²，共有楼房9栋，其中8栋共54个单元没有电梯。小区常住人口902户、2470余人。居民构成以原老毛纺厂退休职工为主，约占70%。60岁以上老年人口近700人，老龄化率达31%。毛纺北小区各单元加装电梯情况如图3.48所示。

既有建筑加装电梯会遇到电梯出口位于楼层标高或位于楼梯半平台两种情况，前一种易于实现无障碍设计，后一种不能完成无障碍通行且需考虑加装电梯对建筑间距的影响。对常见的既有住区户型，加装方案设计时应注意：

（1）电梯出口位于楼层标高时。对1梯2户形式，加装电梯后对建筑间距有影响，需注意电梯厅外窗与北面房间外窗的距离应满足防火规范；对1梯3户形式，加装电梯后不影响建筑间距；对1梯4户形式，加装电梯后对建筑间距影响较小。

（2）电梯出口位于楼梯半平台时，对1梯2户形式，加装电梯后对建筑间距影响较大，

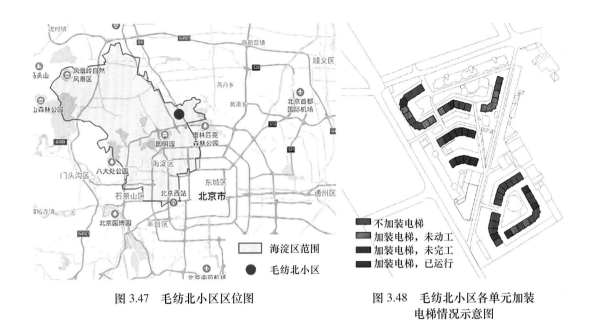

图 3.47　毛纺北小区区位图　　　　图 3.48　毛纺北小区各单元加装
　　　　　　　　　　　　　　　　　电梯情况示意图

需注意电梯厅外窗与北面房间外窗的距离满足防火规范；对 1 梯 3 户形式，加装电梯后对建筑间距的影响也较大；对 1 梯 4 户形式，加装电梯后有的不影响建筑间距，有的则影响较大。

选择加装电梯方案时，需充分考虑电梯出口位置及楼梯户型布置，制定针对性方案。另外，电梯井可选用钢筋混凝土电梯井，并与原结构可靠连接后提高公房的整体抗震性能；也可选用钢结构电梯井，在不同标高处与结构主体可靠连接。

3.5　既有建筑外立面改造

3.5.1　外立面改造影响因素

街区外围建筑顺应道路走向布置，建筑立面连续，风格在统一中寻求变化，形成完整的街道界面。建筑的低层部分可以布置公共空间，或利用牌楼、门洞、拱券、漏穿等形成灰空间，通过借景、框景、对景等手法，使街区内庭院与街道有视觉上的渗透；也可利用低层部分形成凸出的商业裙楼，创造围合感更强的街道空间。另外，街区转角部分是重要的节点，应重点设计，凸出个性；也可结合绿化、广场，形成住区内的活动场所。

在设计建筑外观时，建筑周边的场地环境也应考虑在内，需要设计相应的硬质铺装、草地、植被以及座椅等环境设施。因此，建筑外立面设计除了通常理解的 4 个垂直墙面之外，还包含建筑的屋顶面和周边的地面环境设计。根据建筑外观的构成元素划分，建筑外立面设计的元素包括建筑入口、墙体、门窗、屋顶、细部以及环境，如图 3.49所示。

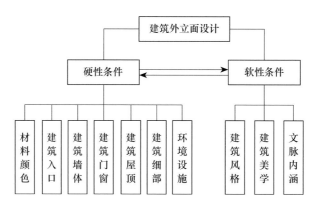

图 3.49   建筑外立面设计的构成

3.5.1.1   既有建筑立面构造

A   入口

建筑入口是从室外进入室内的过渡空间，主要起到组织交通的作用，同时还具有空间的过渡与转换、建筑功能的标识与识别、建筑文化内涵的体现等其他功能。一般情况下，建筑外立面的入口与建筑台阶、坡道、雨篷、标识、装饰构筑物等共同组成建筑的入口与门头，是建筑外观中重要的组成元素之一，也是老旧街区重构需要着重推敲的部位。

B   墙体

墙体在建筑外观中占有绝大部分的面积，对建筑外观的形式、风格等起着决定性的作用。墙体在设计时要满足承重、维护、分隔空间等使用功能的需求。建筑外墙还须满足保温、隔热、隔声等物理技术指标的要求。结合建筑设计的立意及风格定位，设计时还应考虑墙体的装饰美化需求，在墙面的凹凸处理、材料质感、色彩搭配等方面进行美化装饰。某街区改造前后对比如图 3.50、图 3.51 所示。

图 3.50   某街区建筑改造前外观图

图 3.51   某街区建筑改造后效果图

C   门窗

门作为建筑的构成元素，意味着建筑的入口，同时也具有坚固的防护性。门的设计需要注意其尺度、开启方式、造型以及其与周边界面的处理、细部设计等。窗户是建筑立面组成的一部分，窗户的形式、大小、排列方式都影响着建筑的形象。建筑门窗改造极大影响建筑外立面效果，某街区改造前后对比如图 3.52、图 3.53 所示。

图 3.52 某街区建筑门窗改造前

图 3.53 某街区建筑门窗改造后

D 屋顶

屋顶既是建筑物遮风挡雨的重要构件，也是建筑形象中最具表现力和个性的部分，被称为建筑外观的"第五立面"。屋顶的类型很多，常见的类型包括平屋顶、坡屋顶、曲线形屋顶、大跨度建筑屋顶等。设计屋顶时也需要考虑建筑保温、隔热等物理指标的要求。

E 细部

建筑外观的细部设计可分为功能性细部设计和装饰性细部设计两种。功能性细部设计是指功能性构件本身的细部设计以及与其他构件之间连接处的细部处理，例如雨篷的设计、钢结构与点支式玻璃围护面层的连接等处理都是功能性细部设计；而装饰性细部设计是指线脚、雕塑、图案、纹样等，是从美观的角度对建筑的外观进行装饰。建筑外观的细部设计能够反映当代的建筑技术和工艺水平，具有一定的尺度感知功能，能反映特定的历史文脉，具有一定的象征性，因此设计师必须重视细部设计。

3.5.1.2 既有建筑立面色彩

老旧街区既有建筑综合整修的色彩需要统一定位，遵守总体控制实施导则和单体控制实施导则；单体建筑控制包括单幢建筑主体色、辅助色、点缀色等三个色彩设计要素。单体建筑色彩定位，应根据所在城市的实际情况，在既有建筑改造中选择合适的色系，如图3.54所示。建筑的外表颜色与周边的环境应当大体一致，其中包括建筑的砖色。建筑外表的玻璃统一颜色，建筑所用的材料、外表涂料等装饰材料要基本达到统一，如图3.55所示。

不同的色彩搭配会给人们造成不同的心理感受，城市色彩规划所运用的色彩调和与对比的原则适用的空间类型也不同。例如，色相对比的配色原则适用于空间秩序感强、有整齐街道界面、建筑尺度相近的中低密度城市空间，获得和谐而统一又不失趣味的效果。在缺失连续街道界面的、以建筑为主体的城市空间中，色相对比会加剧空间秩序的缺失，获得活泼但嘈杂的效果，如图3.54、图3.55选取的是丹麦哥本哈根与中国某地局部城市色彩景观的对比，由图可见色相对比在不同类型的城市空间中取得的效果截然相反。

3.5.1.3 既有建筑立面材料

既有建筑改扩建时应确保既有建筑的细节细部、材料质感、材料用色以及原始材料在新建建筑中得到重复与补充应用。材料作为待保护建筑的肌体，其新旧的表现直接影响环

图 3.54   建筑外观   图 3.55   建筑色彩及材料

境整体效果。对保护既有建筑翻修材料的选择，不仅仅是单纯的保护，它除了关于经济、审美、构造等，还是史料的真实性与可读性问题。因此在既有建筑外立面改造时，考虑到混凝土和水泥修复过程中的不可逆性，不宜用这种黏结性强的材料，推荐运用金属、玻璃修补加固建筑，保证原真性。它的优点有：(1) 与老材料不同便于区分；(2) 螺栓连接，便于拆卸，为再次修缮留有余地；(3) 结构材料特性好；(4) 易于反映新材料特征，通透、刚劲外表皮可与老建筑形成对比效果，反映技术与建筑美学特征。

因此，在对既有建筑进行修缮的时候，不能如现今见到的某些方式，如在墙上用机器加工的圆而直的木材，甚至还涂上染料，或在原建筑材料之下用加工过的石头材料，呆板不协调、不统一，失去了建筑技艺的整体性。产生这种现象是因为现在的人们对既有建筑的美没有彻底了解，而且以为机器加工，正、直、方、平是一种现代感的体现，并且乐于去追求。但是他们没有认识到，沧桑的老旧街区最大的价值之一是它蕴含的历史价值。失去了历史的沧桑感，老旧街区便会失去意义。

3.5.2   外立面改造方案设计

3.5.2.1   改造设计方案

(1) 在对既有建筑外立面进行改造的过程中，需要充分考虑到改造的美观度、实用性，外立面改造不仅仅要满足建筑内部功能需求，同时也要满足节能等属性要求。

一般来说，既有建筑外立面改造是在不改变建筑原有结构的基础上进行改造，通过适当替换材料或者添加材料，让建筑外立面的构图、色彩更加符合现代城市建设的要求，为保证风格统一，既有建筑周围其余建筑的风格，就会对改造工作造成影响。另外，既有建筑饱受岁月洗礼，存在诸多隐性质量问题，在改造的过程中，有可能导致原有结构被破坏，进而出现诸多问题，故旧建筑外立面改造存在较大的不确定性。

(2) 在既有建筑外立面更新改造中，不同的改造方法就会呈现出不同的改造效果、表达效果。建筑外立面改造主要可分为外立面装饰材料部分替换、外包立面、立面更换 3 个方面。

3.5.2.2　改造实例

西安创业咖啡街区位于高新二路与光华路口东侧，处于西安众创示范街的核心腹地，东起高新路，西至高新四路，南接科技路，北临二环南路，规划总占地面积达 100 万平方米，其中核心区域 30 万平方米。根据规划，街区内对于既有建筑的改造应更注重时尚和潮流，加入现代元素。对高新区实施城市修补，优化城市风貌，重整空间秩序，打造以咖啡创业为主题的创业特色街区，树立西安双创工作的标杆，同时拉动西安旅游业进一步发展，促进经济增长，打造西安递给世界的新名片。

建筑外立面总能给人们带来最直观的感受，尤其是对于建筑结构尚符合结构安全要求但外立面破旧不堪或存在安全隐患的街区建筑，老旧街区的建筑立面改造显得尤为重要。创业咖啡街区部分既有建筑外立面破旧，出现墙体颜色黯淡、瓷砖松动掉落等问题，既影响建筑外立面的美观性又存在一定的安全隐患，如图 7.56 所示。在对创业咖啡街区进行外立面重构时采用彩色铝塑复合材料进行建筑外立面的重构，对外墙部分采用大面积饱和度较低的灰色辅以明亮的黄色、红色、蓝色做点缀，使得建筑恢弘大气又不失活泼；对于转角部分采用大面积饱和度较高的红色铝塑材料，使得建筑整体外观有明暗色彩对比，更加符合创业咖啡街区"创业、创意、创新"的主题，如图 3.57 所示。

图 3.56　立面改造前　　　　　　　　　　　图 3.57　立面改造后

3.5.3　外立面改造方案选择

A　质地改造

质地是体现建筑特性的主要因素，在既有建筑外立面改造中，引入新材料是一种实现形态重构的重要方法。建筑工程装饰材料的多样性，让建筑改造有了更多的解决方法。目前，许多既有建筑改造都应用了目前市面的新型建筑材料，这些材质本身的色彩和建筑原有色彩搭配，形成鲜明对比，通过合理设计可获得良好的艺术观感，从而让既有建筑能够体现出一定的现代化气息。此类设计方法通常应用的材料数量比较少，且多采用轻质、通透的新型材料，给人良好的观感。

B　色彩重构

色彩重构是旧建筑改造的另一重要特征，色彩作为一个鲜明的感知要素，非常容易被人们察觉，相关研究表明，色彩是人们感知空间的第一要素，人们在审视物体的时候首先感知到色彩，然后才感知到形状，所以色彩也是既有建筑改造的重要因素。色彩重构一般施工成本低廉、工期短。

C 尺度重构

以北京某街区为例，对尺度重构加以说明。该街区位于核心保护区域内，其规划为商业性公共设施用地与居住用地为主，同时兼有公益性公共设施用地。改造中着重对部分历史建筑及与历史风貌相协调的建筑进行一定的改造。院坊内建筑布局类型兼有门院式、里弄式与其他类型，如图 3.58、图 3.59 所示。

图 3.58　庭院式街区　　　　　　　图 3.59　里弄式街区

装饰维修过程中，建筑始建时期墙面及顶面留有彩绘。后经多次维修将其粉刷覆盖并多处破坏。装饰过程中，将其保留完好部位恢复并且使用玻璃铺盖保护。原始水磨石地面经长时间使用已污染，损坏严重，维修过程中将其损坏部位修复并且清理抛光，如图 3.60 所示。

(a)　　　　　　　　　　　　　　　　　　(b)

图 3.60　室内改造效果
(a) 效果（一）；(b) 效果（二）

原始地面整体损坏较大，已无法正常满足今后使用功能及美观性。此次维修在部分保留较好地板的情况下，整体重新铺设实木老地板，并按照原始色系及装饰风格进行油漆施工。原始墙面、顶棚后期使用方全部重新粉刷并多处出现裂缝、空鼓等情况。此次维修铲除所有后期维修的面层，重新吊顶及粉刷，并根据后期使用功能设立轻质隔断墙。

在既有建筑改造中，经常用尺度重构的方法，改变建筑的开口方式，给人焕然一新的视觉观感。传统既有建筑在建设的过程中，受技术条件的制约，普遍比较重视实用性、适用性，故其开口美观度比较低，而通过尺度重构可有效解决该问题。另外，受原有建筑基础、改造成本的制约，外立面改造往往是妥协之举，故难以对既有建筑结构主体做出过大改变，但在特定的情况下，可打破建筑原本围护结构形式，利用平面上的凹凸，构成一个错落有致的层次效果。

4 老旧街区管网重构安全规划

4.1 给排水管网规划设计

4.1.1 给排水量计算

4.1.1.1 给水量计算

老旧街区再生重构后，街区用水量会出现较大变化，因此街区用水量与城市水资源之间应保持平衡，以确保城市可持续发展。合理确定街区用水量是给水工程规划的首要任务。

A 街区用水量

街区总用水量由城市给水工程统一供给的水量和由城市给水工程统一供给以外的所有用水水量的总和两部分组成。由城市给水工程统一供给的水量包括居民生活用水、工业用水、公共设施用水及其他用水水量（交通设施、仓储、市政设施、浇洒道路、绿化、消防、特殊用水等）的总和；由城市给水工程统一供给以外的所有用水水量的总和包括工业和公共设施自备水源供给的用水、河湖环境用水和航道用水等。街区需水项目如图 4.1 所示。

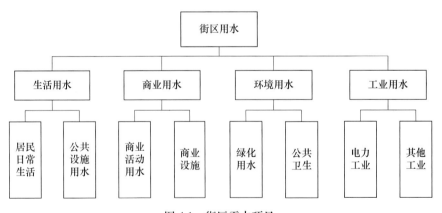

图 4.1 街区需水项目

街区给水工程规划中主要涉及的用水量包括最高日用水量、年用水量和最高时用水量。最高日用水量是给水工程中取水和水处理工程规划的依据，也是计算另两个用水量的基础；年用水量是街区用水量供需平衡分析的依据；最高时用水量一般作为给水管网系统规划的依据。

B 用水量预测方法

街区用水量预测有多种方法，在规划给水工程时，需根据具体情况选择合理可行的方法。必要时，可以采用多种方法计算，然后比较确定。常用预测方法有人均综合指标法、单位面积法、分类估算法、年递增率法、线性回归法及生长曲线法。

C 不同性质用地的用水量指标

街区用水量应根据老旧街区再生后的特点、居民生活水平、商业化程度等因素确定。居住用地用水量可采用表4.1所列用水量指标。街区公共设施用地用水量应根据街区规模、经济发展状况和商贸繁荣程度以及公共设施的类别、规模等因素确定，公共设施用地用水量与其他用地用水量指标可采用表4.2所列用水量指标。

表 4.1 居住用地用水量指标 （万 $m^3/（km^2 \cdot d）$）

区 域	特大城市	大城市	中等城市	小城市
一 区	1.70~2.50	1.50~2.30	1.30~2.10	1.10~1.90
二 区	1.40~2.10	1.25~1.90	1.10~1.70	0.95~1.50
三 区	1.25~1.80	1.10~1.60	0.95~1.40	0.80~1.30

表 4.2 公共设施与其他用地用水量指标 （万 $m^3/（km^2 \cdot d）$）

用地类型	用地名称	用水指标	用地类型	用地名称	用水指标
公共设施	行政办公用地	0.5~1.00	其他	仓储用地	0.20~0.50
	商贸金融用地	0.5~1.00		对外交通用地	0.30~0.60
	体育、文化娱乐用地	0.5~1.00		道路广场用地	0.20~0.30
	旅游、服务业用地	1.00~1.50		市政公用设施用地	0.25~0.50
	教育用地	1.00~1.50		绿地	0.10~0.30
	医疗、休疗养用地	1.00~1.50		特殊用地	0.50~0.90
	其他公共设施用地	0.80~1.20			

D 用水量变化

计算街区用水量时，除要了解各种用水量指标外，还要了解用水量逐日、逐时的变化，用以确定给水系统设计用水量和各单项工程的设计用水量。

4.1.1.2 排水量计算

A 街区排水项目

街区在生产和生活中产生的大量污废水，如不加以控制，任意直接排入水体或土壤，会使水体或土壤受到污染，破坏城市环境，引起环境问题，甚至造成公害。城市雨水和冰雪融水也需要及时排除，否则将积水为害，妨碍交通，甚至危及人们的生产和日常生活。排水工程的任务是将污水有组织地按一定的系统汇集起来并处理，达到符合排放标准后再排泄至水体。

按照排水工程规划，街区排水的来源主要包括生活污水、降水，部分街区可能存在工业废水，排水项目间的功能关系如图 4.2 所示。

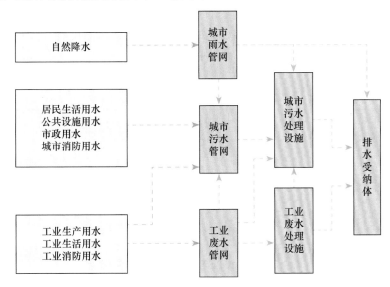

图 4.2　街区排水项目间的关系

B　排水量影响因素

根据街区排水的来源，影响生活污水流量的主要因素有生活设施条件、设计人口和污水流量变化等。如果排水工程系统是分期实施的，还应明确各个分期时段内的服务人口数，用于计算各个分期时段内的污水量。如图 4.3 所示为排水路径阻隔。

同一城市中可能存在多个排水服务区域，其污水量标准不同，计算时要对每个区分别按照其规划目标，取用适当的污水量定额，按各区实际服务人口计算该区的生活污水设计流量。

(a)　　　　　　　　　　　　　　　　(b)

图 4.3　排水路径阻隔

(a) 排水路径（一）；(b) 排水路径（二）

C 街区生活污水

街区生活污水主要来源于城市用水，由城市给水工程统一供水的用户和自备水源供水的用户排出的综合生活污水和工业废水组成，以及少量的其他污水，如市政、公用设施及其他用水产生的污水等，因其数量少且排除方式的特殊性无法统计，可以忽略不计。

污水管网在计算设计污水量时，应按最高日最高时污水排放流量进行设计。而根据用水量标准及污水排放系数推算出的污水量标准为平均日污水量，因此，在计算污水量时，采用的是平均日污水量标准和相应的总变化系数估算出最高日最高时污水量。

D 雨水量

降雨是一种自然过程，降雨的时间和降雨量大小具有一定的随机性，同时又服从一定的统计规律。一般，越大的暴雨出现的概率越小。我国地域宽广，气候差异很大，南方多雨，北方少雨干旱。不同地区的城市排水管网的设计规模和投资具有很大差别。降雨量的计算必须根据不同地区的降雨特点和规律进行，这对正确规划城市雨水管网特别重要。雨水管网应具有合理的和最佳的排水能力，最大限度地及时排除雨水，避免洪涝灾害，同时规模还不应超过实际需求，避免投资浪费，提高工程投资效益。

4.1.2 给排水管网设计要求

4.1.2.1 给水管网设计要求

A 给水管网设计原则

老旧街区重构过程中，给水工程规划应符合国家的建设方针和政策，在城市总体规划的基础上，遵循以下原则：

（1）给水工程规划应能保证供应所需水量，并符合对水质、水压的要求，当消防或紧急事故发生时，能及时供应必要的用水。

（2）给水工程规划应从全局出发，考虑水资源的节约、水生态环境保护和水资源的可持续利用，正确处理各种用水的关系，符合建设节水型城镇的要求。

（3）给水工程规划应重视近期建设规划，且应适应城市远景发展的需要。

（4）给水系统总体布局的选择应根据水源接入点、街区空间布局、工业企业用水要求及原有给水工程等条件综合考虑后确定，必要时提出不同方案进行技术经济比较。

（5）在设置加压泵站、水塔等工程设施用地时，应节约用地，保证安全空间的保有量。

（6）输配水管道工程是城市给水工程投资的主要部分，应进行多方案比较。

（7）应积极采用为科学试验和生产实践所证明的经济而先进的新技术、新工艺、新材料和新设备。

（8）给水工程规划应与排水工程规划相协调。

B 给水管网规划的影响因素

受限于老旧街区的状态，给水管网规划时，要根据街区空间布局、地形条件、水量、水质和水压的要求，并考虑原有给水工程设施条件，从全局出发，通过技术经济比较决定。给水管网规划的影响因素如图4.4所示。

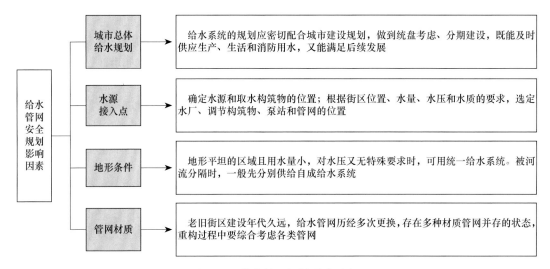

图 4.4　给水管网规划影响因素

原有给水系统往往存在管道破旧、布置不合理的问题，如图 4.5 所示，无论在平面布置还是管网材质等方面都无法满足当前的需求，重构过程中给水系统的规划应密切配合街区重构建设规划，既能及时供生活和消防用水，又能适应今后发展的需要。

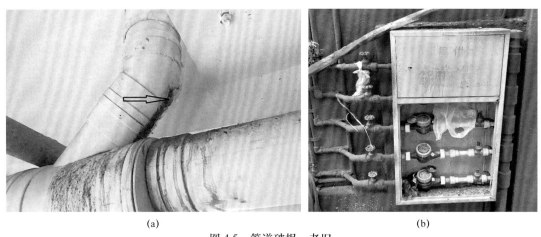

(a)　　　　　　　　　　　　　　　　　　　　　　　　　　　　(b)

图 4.5　管道破损、老旧
(a) 管道（一）；(b) 管道（二）

C　给水方式选择

根据城市规划、自然条件及用水要求等主要因素进行综合考虑，给水系统有多种形式，可结合具体情况分别采用，确保安全可靠和经济合理。

（1）统一给水系统，即系统中只有一套管网，统一供应街区内生产、生活和消防等各类用水，其供水具有统一的水压和水质。该系统工作构造简单、管理方便，较为广泛地应用于水质、水压差别不大的城市街区或工业区的给水系统。

（2）分区给水系统。存在地势地形或功能上有明显的划分或自然环境（如山河、密集的铁路等）分隔的街区，可考虑采用分区的给水系统，按划分的区域分别设置给水系统。

各区域的给水系统完全独立，互不影响。这种方式可以避免艰巨工程过多、投资过大，还可以增大供水的可靠性。

（3）分压给水系统。各区域管网具有独立的供水泵站，供水具有不同的水压。分压给水系统可以降低平均供水压力，避免局部水压过高的现象，减少爆管的概率和泵站能量的浪费。这种方式适用于地形高差大、管网延伸距离长或各区用水压力要求高低相差较大的城市。

4.1.2.2　排水管网设计要求

A　排水管网设计影响因素

（1）排水系统布置形式。根据街区地形和空间布局，按分水线和建筑边界线、天然的和人为的障碍物划分排水区域。排水系统布置形式一般取决于当地地形变化情况、街区规模及布局等。一般对于规模大、用地布局分散、地形变化大的街区，宜于分散布置，如图4.6所示。对于中小型街区，在布局集中及地形起伏不大情况下，宜采用集中布置。

（2）泵站的数量与位置。要与主干管布置综合考虑，布置中力求减少中途泵站的数量。

（3）雨水管渠布置。根据分散和直接的原则，密切结合地形，就近将雨水排入水体。布置中可根据地形条件，划分排水区域，各区域的雨水管渠一般采取与河湖正交布置，以便采用较小的管径，以较短距离将雨水迅速排除，如图4.7所示。

（4）建设时期。在决定排水主干管及污水厂位置方案时，往往会产生是先修建较大干管排泄近期污水还是先修建较小干管的矛盾。如何选择建设方案和建设时期是排水系统设计中需着重考虑和分析的问题。

图4.6　分散布置

图4.7　直接排入管渠

排水系统平面布置是管网规划中十分重要的内容，确定了排水系统的骨架，一些主要的、控制性的问题在平面布置中便基本确定，它关系到整个排水系统是否经济、实用、安全及是否便于施工。

B　拟订污水、雨水排除方案

拟订污水、雨水排除方案包括确定排水区界和排水方向，研究生活污水、工业废水和雨水的排除方式，街区内原有排水设施的利用与改造以及确定在规划期限内排水系统建设的远近期结合、分期建设等问题。

4.1.3　给排水管网布置

4.1.3.1　给水管网布置

A　选择供水方式

在街区给水系统的水量和水压能够满足居住区的用水需要时，应该采用直接由给水管网供水的方式；在水量和水压不能完全满足居住区的用水需要时，可采用设置屋顶水箱（见图4.8）、高架水池和加压水泵的供水方式。

B　确定供水系统

老旧街区内居住区的供水系统一般有分类供水系统、分压供水系统和分质供水系统三种，宜根据需要和具体条件采用。分类供水指生活用水（包括居民生活用水和各类公共服务设施用水）与其他用水分两个系统供水；分压供水指高层建筑与多层、低层建筑分压供水。根据不同需要采用不同的供水系统组合，目的在于减少长期运营成本、节约能源和水资源。

居住区主要的供水设施是水泵房，如图4.9所示，它对城市给水系统或周边地区供水管网在水压不能满足住宅区供水要求的住宅区是不可缺少的。

图4.8　屋顶水箱　　　　　　　　　　　图4.9　水泵房

C　布置给水管网

居住区给水管网的布局形式分为枝状管网和环状管网两种。枝状管网是单向供水，供水安全可靠性差，但节省管材、造价低。环状管网是双向供水，供水保障性较好，但造价较高。

居住区给水管网宜布置成环状管网，或与市政给水管道连接成环状网。环状给水管与市政给水管的连接管不少于两条。居住区的室外给水管道应沿区内道路平行于建筑物敷设，宜敷设在人行道、慢车道或绿化带下；支管布置在居住组团道路下，与干管连接，一般为枝状。

D　安全措施

给水管道与建筑物基础的水平净距：管径100~150mm时，不宜小于1.5m；管径50~75mm时，不宜小于1.0m。生活给水管道与污水管道交叉时，给水管应敷设在污水管道上面，且不应有接口重叠；当给水管道敷设在污水管道下面时，给水管的接口离污水管的水平净距不宜小于1.0m。

4.1.3.2 排水管网布置

A 排水体制

合理地选择排水体制，是老旧街区重构过程中排水管网规划中一个十分重要的问题。它关系到整个排水系统是否实用，能否满足环境安全的要求。例如，若采用截流式合流制排水系统，当暴雨时通过溢流井将部分生活污水、工业废水泄入水体，周期性地给水体带来一定程度的污染是不利的。

a 分流制排水系统

当生活污水、工业废水、雨水用两个或两个以上的排水系统来汇集和输送时，称为分流制排水系统，如图 4.10 所示。其中汇集生活污水和工业废水的系统称为污水排除系统；汇集和排泄降水的系统称为雨水排除系统；只排除工业废水的系统称为工业废水排除系统。分流制排水系统又分为完全分流制和不完全分流制。

b 合流制排水系统

将生活污水、工业废水和降水用一个管网系统汇集输送的称为合流制排水系统。根据污水、废水、雨水混合汇集后的处置方式不同，可分为直泄式、全处理、截流式（图 4.11）三种情况。

南昌市南柴社区在重构规划时，采用截流式分流排水机制，将生活污水与雨水集中输送，降低了管道施工压力，如图 4.12 所示。

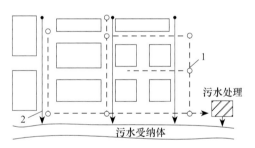

图 4.10　分流制排水系统示意图
1—污水管道；2—雨水管道

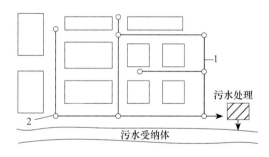

图 4.11　截流式分流制排水系统示意图
1—合流管道；2—溢流井

(a)

(b)

图 4.12　重构后生活污水与雨水合流
(a) 外景（一）；(b) 外景（二）

B　排水管网布置形式

老旧街区内排水管网的布置形式主要取决于街区布局、地形和建筑规划，一般布置成分散式、截流式、环绕式和分区式，如图 4.13 所示。排水管网按其功能与位置关系，可分为主干管、干管、支管等。汇集住宅、工业企业排出的污水的管道称为污水支管；承接污水支管来水的称为污水干管；承接污水干管来水的称为主干管。由污水处理厂排至水体的管道称为出水管道。

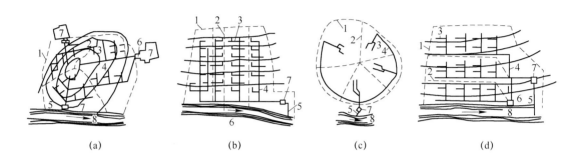

图 4.13　排水管网布置方案

(a) 分散式；　(b) 截流式；　(c) 环绕式；　(d) 分区式

1—街区边界；2—排水流域分界线；3—支管；4—干管；5—出水口；6—泵站；7—处理厂；8—河流

C　平面布置影响因素

影响污水管网平面布置的主要因素有：（1）厂区地形、水文地质条件；（2）厂区的远景规划、竖向规划和修建顺序；（3）城市排水体制、污水处理厂、出水口的位置；（4）排水量大的工业企业和大型公共建筑的分布情况；（5）街道宽度及交通情况；（6）地下管线、其他地下建筑及障碍物等。

污水管网应尽可能避免穿越河道、铁路、地下建筑或其他障碍物。也要注意减少与其他地下管线交叉。根据污水管网平面布置的影响因素，可大致将污水布置方式分为干管平行式或干管正交式，如图 4.14 所示。

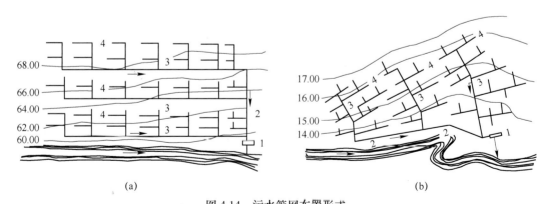

图 4.14　污水管网布置形式

(a) 平行式布置；　(b) 正交式布置

1—污水处理厂；2—主干管；3—干管；4—支管

4.2　供暖管网规划设计

4.2.1　供暖负荷预测

供暖负荷预测是供暖规划的基础工作。热负荷资料的可靠程度将直接影响供暖方案的合理性，也影响集中供暖系统运行后的经济效果。为了合理确定热源的类型和规模，准确计算供暖管道的管径，或者是为了选择一个安全可靠、经济合理、满足需要的供暖方案，必须对各类热负荷的数量、性质和参数要求进行详细的调查和尽可能准确的计算。

4.2.1.1　供暖负荷分类

民用热负荷包括居民住宅和公共建筑的采暖、通风和生活热水负荷。采暖、通风负荷是季节性热负荷，而工艺和生活热水负荷是常年性热负荷。季节性的热负荷与室外空气温度、湿度、风向、风速和太阳辐射等气象条件有关，其中室外温度是决定季节性热负荷大小的决定性因素。

目前，我国的民用热负荷主要是住宅和公共建筑的采暖热负荷，生活热水和通风热负荷所占比重很小。随着人民生活水平的不断提高和居住条件的逐步改善，生活热水和通风热负荷，特别是生活热水的热负荷将会有所增长，有的地区很可能增长得比较快。

在冬季，由于室内与室外空气温度不同，通过房屋的围护结构（门、窗、墙、地板、屋顶等），房屋将产生散热损失。在一定的室温下，室外温度越低，房间的热损失越大。为了保证室内温度符合有关规定的要求，使人们能进行正常的工作、学习和其他活动，就必须由采暖设备向房屋补充与热损失相等的热量，通常采用的采暖设备如图 4.15、图 4.16所示。

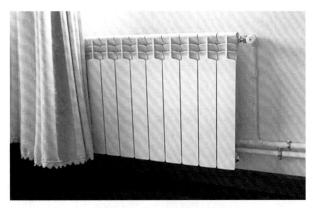

图 4.15　家用暖气片

图 4.16　燃气取暖炉

在集中供暖系统中，能否正确合理地计算热负荷是确定热源类型、规模，供暖系统管径大小，方案运行是否合理，能否取得经济效益、社会效益、环境效益的重要因素。因此在管网设计前必须对各类热负荷的数量、性质及参数进行详细调查和准确计算。

4.2.1.2 供暖管网热负荷的确定方法

首先在街区供暖范围内进行热负荷调查，确定供暖对象。然后按照《城市热力网设计规范》（CJJ 34—2002）中关于热负荷的计算方法确定供暖管网热负荷。热力网支线及用户热力站设计时，采暖、通风、空调及生活热水热负荷，宜采用经核实的建筑物设计热负荷。

4.2.1.3 热指标法

在集中供暖系统中常常利用热指标方法确定热负荷，特别是当计算条件不充分时，利用热指标进行规划或初步设计，均能满足实际要求。

所谓建筑热指标是指在室外采暖计算温度下，建筑物单位面积（或单位体积）维持室内采暖设计温度所需的热量。热指标的大小与当地室外计算温度，建筑物围护结构形式、用途、体积造型有关。因此不同地区不同类型的建筑物，其热指标也不同。一般来说气候寒冷的地区热指标大一些，但由于寒冷地区的围护结构比非寒冷地区的围护结构在设计上采取了更好的保温措施，外墙比较厚，多是双层窗，所以东北、华北地区住宅建筑热指标相差不多。

目前国内外多采用单位面积平均热指标计算热负荷，因为它比单位体积热指标在使用上简便易行，计算方便。

4.2.2 供暖管网设计要求

4.2.2.1 确定供暖的热源

集中供暖的热源主要有热电厂、区域锅炉房、工业与城市余热、燃气机热电联产、地热、核能、热泵、太阳能等，街区内常见的太阳能供暖如图 4.17 所示。

4.2.2.2 供暖管网管道的平面布置要求

（1）道路上的供暖管道应平行于道路中心线，并宜敷设在车行道以外，同一条管道应只沿街道的一侧敷设。

（2）穿过街区的供暖管道应敷设在易于检修和维护的位置，如图 4.18 所示。

（3）通过非建筑区的供暖管道应沿公路敷设。

（4）供暖管网选线时宜避开土质松软地区、地震断裂带、滑坡危险地带以及高地下水位区等不利地段。

图 4.17　太阳能供暖

图 4.18　便于检修的供暖管道

4.2.2.3 供暖管网管道材料控制

供暖管网管道应采用无缝钢管、电弧焊或高频焊焊接钢管。管道及钢制管件的钢材钢号不应低于表4.3的规定。

表4.3 供暖管道钢材型号及适用范围

钢 号	设 计 参 数	钢板厚度/mm
Q235AF	$p \leqslant 1.0MPa$；$t \leqslant 95℃$	≤8
Q235A	$p \leqslant 1.6MPa$；$t \leqslant 150℃$	≤16
Q235B	$p \leqslant 2.5MPa$；$t \leqslant 300℃$	≤20
10、20、低合金钢	可用于规范适用范围的全部参数	不限

供暖管网管道的连接应采用焊接，管道与设备、阀门等连接宜采用焊接；当设备、阀门等需要拆卸时应采用法兰连接；公称直径小于或等于25mm的放气阀可采用螺纹连接，但连接放气阀的管道应采用厚壁管。

4.2.3 供暖管网布置

4.2.3.1 供暖管网布置要求

（1）管网布置应在街区总体规划的指导下，深入地研究各功能分区的特点及对管网的要求。

（2）管网布置应能与街区发展速度和规模相协调，并在布置上考虑分期实施。

（3）管网布置应满足生产、生活、采暖、空调等不同热用户对热负荷的要求。

（4）管网布置应考虑热源的位置、热负荷的分布、热负荷的密度。

（5）管网布置应充分注意与地上、地下管道及构筑物、园林绿地的关系。

（6）管网布置要认真分析当地地形、水文、地质条件。

4.2.3.2 管网的布置原则

（1）管网力求线路短直，且主干线尽可能通过热负荷中心。

（2）在满足安全运行、维修简便的前提下，应节约用地。

（3）管网敷设应力求施工方便，工程量少，如图4.19所示。

（4）管线一般应沿道路敷设，不应穿过重要道路、仓库、堆场以及发展扩建的预留地段。

（5）在管网改建、扩建过程中，应尽可能做到新设计的管线不影响原有管道正常运行。

4.2.3.3 供暖管网布置形式

供暖管网室外布置的基本形式一般有4种，如图4.20所示。

(a)   (b)

图 4.19   与其他管道共用支撑架

(a) 共用支撑架（一）；(b) 共用支撑架（二）

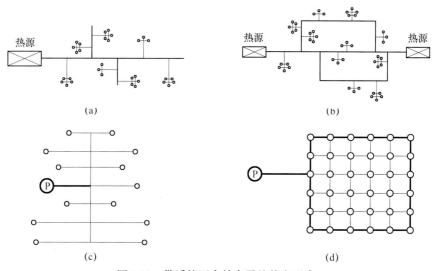

(a)   (b)

(c)   (d)

图 4.20   供暖管网室外布置的基本形式

(a) 枝状；(b) 环状；(c) 梳齿状；(d) 网眼状

4.3   供气管网规划设计

4.3.1   供气负荷预测

老旧街区终端用户在一个时段内对燃气的需用量以及用气量随时间的变化统称为供气负荷。在进行老旧街区供气管网规划设计时，首先应确定供气负荷，这是确定燃气气源、输配管网和设备通过能力的依据。供气负荷主要取决于用户类型、数量及用气量指标。

目前老旧街区内的用户主要是居民用户（图 4.21）、商业用户（含公共建筑用户）（图4.22）、工业企业用户、采暖用户等。供气负荷预测的目的是确定街区燃气的总需要量，从而根据需要和可能性确定供气系统的规模。

图 4.21　民用燃气设备　　　　　　　图 4.22　商业用燃气设备

4.3.1.1　确定用气量指标

用气量指标又称为用气定额（或耗气定额），是进行城市燃气规划、设计、估算燃气用气量的主要依据，其准确性和可靠性决定了用气量计算的准确性和可靠性。因为各类燃气的热值不同，所以常用热量指标来表示用气量指标。居民生活用气量指标是城市居民每人每年平均燃气用量。

影响居民生活用气指标的因素很多，如住宅用气设备的设置情况、公共生活服务网（食堂、熟食店、饮食店、浴室、洗衣房等）的发展程度、居民的生活水平和生活习惯、居民每户平均人数、地区的气象条件、燃气价格、住宅内有无集中供暖设备和热水供应设备等。通常，住宅内用气设备齐全（图 4.23），地区的平均气温越低，则居民生活用气量指标越高，随着公共生活服务网的发展以及燃具的改进，居民生活用气量则会下降。

 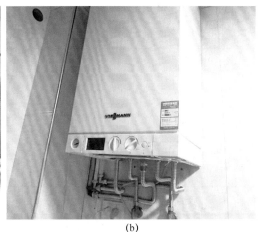

(a)　　　　　　　　　　　　　　　　　(b)

图 4.23　住宅内用气设备
(a) 天然气灶；(b) 天然气壁挂炉

上述各种因素对居民生活用气量指标的影响无法精确确定。通常都是根据对各种典型用户用气进行调查和测定，并通过综合分析得到平均用气量，作为用气量指标。

我国一些地区和城市的居民生活用气量指标见表4.4，对于新建燃气供应系统的城市，其居民生活用气量指标可以根据当地的燃料消耗、生活习惯、气候条件等具体情况，并参照相似城市的用气量指标确定。

表4.4　居民生活用气指标　　　　　　　　　（MJ/（人·年））

地　区	集中采暖的用户	无集中采暖的用户
东北地区	2303~2721	1884~2303
华东、中南地区	—	2093~2303
北京	2721~3140	2512~2913
成都	—	2512~2913

商业用气量指标指单位成品或单位设施或每人每年消耗的燃气量（折算为热量）。商业用气量指标与用气设备的性能、热效率、商业单位的经营状况和地区的气候条件等因素有关。商业用气量指标应该根据商业用气量的统计分析确定。表4.8为商业用气量指标参考值。

表4.5　商业用户的用气量指标

类　别		单　位	用气量指标	备　注
商业建筑	有餐饮	kJ/（m²·d）	502	商业性购物中心、娱乐城、写字楼、图书馆、医院等，有餐饮指有小型办公餐厅或食堂
	无餐饮		335	
宾馆	高级宾馆（有餐厅）	MJ/（床位·a）	29302	该指标耗热包括卫生用热、洗衣消毒用热、洗浴中心用热等，中级宾馆不考虑洗浴中心用热
	中级宾馆（有餐厅）		16744	
旅馆	有餐厅	MJ/（床位·a）	8370	指仅提供普通设施、条件一般的旅馆及招待所
	无餐厅		3350	
餐饮业		MJ/（座·a）	7955~9211	主要指中级以下的营业餐馆和小吃店
燃气直燃机		MJ/（m²·a）	991	供生活热水、制冷、采暖综合指标
燃气锅炉		MJ/（t·a）	25.1	按蒸发量、供热量及锅炉燃烧效率计算
职工食堂		MJ/（人·a）	1884	指机关、企业、医院事业单位的职工内部食堂
医院		MJ/（床·a）	1931	按医院病床折算
幼儿园	全托	MJ/（人·a）	2300	用气天数275d
	半托	MJ/（人·a）	1260	
大中专院校		MJ/（人·a）	2512	用气天数275d

4.3.1.2 用气量预测

燃气的年用量不能直接用来确定城市燃气管网、设备通过能力和储存设施容积。确定城市燃气管网、设备通过能力和储存设施容积时，需要根据燃气的需用情况确定计算月高峰小时计算流量。其中，高峰小时计算流量的确定，关系着输配系统的经济性和可靠性。高峰小时计算流量定得过高，将会增加输配系统的金属消耗和基建投资；定得过低，又会影响用户的正常用气。

确定燃气高峰小时计算流量的方法通常有两种：不均匀系数法和同时工作系数法。

对于既有居民和公共建筑用户，又有工业用户的城市，高峰小时计算流量一般采用不均匀系数法，也可采用最大负荷利用小时法确定。对于只有居民用户的居住区，尤其是庭院管网的计算，高峰小时计算流量一般采用同时工作系数法确定。

4.3.2 供气管网设计要求

4.3.2.1 气源规划

气源指向街区燃气输配系统提供燃气的设施。在城市中，主要指煤气制气厂、长距离管道输送天然气门站、液化天然气气化站、压缩天然气供气站、液化石油气供应基地、液化石油气气化站等设施。气源规划就是要选择适当的城市气源，确定其规模，并在城市中合理布局气源。

4.3.2.2 燃气输配管网级制的确定

燃气输配系统压力级制选择是一项重要而复杂的工作，不仅应考虑气源的类型、城市的大小、人口密度、建筑分布和规划发展情况，而且需要考虑大型燃气用户的数目和分布、储气设备的类型、城市街道敷设各种压力燃气管道的可能性和用户对燃气压力的要求，同时也要考虑管材及管道附件和调压设备的生产、供应情况，另外，还要考虑远近结合，为将来发展留有余地。供气范围、供气规模越大，越需要选择多压力级制输配系统。随着燃气应用技术的不断发展，多压力机制选择也越来越引起重视，它体现在输配系统的经济性和安全性两个方面。城市供气压力越高，输配管网的管径和投资越小，但是不同设计压力具有不同的安全间距要求。

4.3.3 供气管网布置

4.3.3.1 供气管网布置原则

在老旧街区内布置燃气管时，必须服从地下管网综合规划的安排。同时，还应满足下列原则。

（1）安全性原则：

1）燃气管道不准敷设在建筑物的下方时，不准与其他管线平行地上下重叠，如图 4.24 所示，并禁止在下述场所敷设燃气管道：各种机械设备和成品、半成品堆放场地，高压电线走廊，动力和照明电缆沟槽，易燃、易爆材料和具有腐蚀性液体的堆放场所。

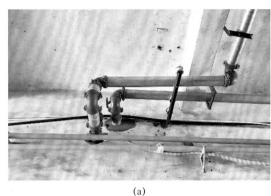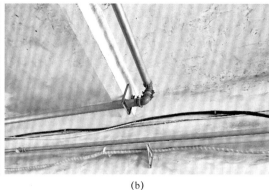

(a)   (b)

图 4.24 避免与其他管道交叉

(a) 方案（一）；(b) 方案（二）

2）燃气管道应尽量少穿公路、沟道和其他大型构筑物。必须穿越时，应有一定的防护措施。

（2）适用性原则：

1）燃气干管的位置应靠近大型用户。为保证燃气供应可靠，主要干线应逐步连成环状。

2）燃气管道一般采用直埋敷设。应尽量避开主要交通干道和繁华的街道，以免给施工和运行管理带来困难。

3）沿街道敷设燃气管道时，可以单侧布置，也可以双侧布置。双侧布置一般在街道很宽、横穿马路的支管很多或输送燃气量较大、一条管道不能满足要求的情况下采用。

4）低压燃气干管最好在小区内部的道路下敷设。

4.3.3.2 供气管网布置方式

燃气管网的作用是安全、可靠地供给各类用户具有正常压力、足够数量的燃气。布置燃气管网时，首先要满足使用上的要求，又要尽量缩短线路长度，尽可能节省材料和投资。

城市中的燃气管道多为地下敷设。所谓燃气管网布置，是指在城市燃气管网系统原则上选定之后，决定各个管段的具体位置。

燃气管网的布置应根据全面规划，远、近期结合，以近期为主的原则，做出分期建设的安排。燃气管网的布置工作按压力高低的顺序进行，先布置高、中压管网，后布置低压管网。

对于扩建或改建燃气管网的城市则应从实际出发，充分发挥原有管道的作用。

在编制城市总体规划中的燃气工程规划时，如何选择气源是至关重要的问题。气源的选择，关系到整个输配管网的压力级制、调峰方案、管网敷设、用户燃气具的选择等系列问题，对整个管网运行的经济性、长远性、稳定性和近远期相互衔接有着决定性的意义。所以，根据城市地理位置，综合考虑城市远近期发展，做到有前瞻性和规划性，对燃气工程规划的现实性、可操作性和前瞻性起到关键作用。

4.3.3.3 燃气管道安全布置距离

地下燃气管道与建筑物（构筑物）基础及相邻管道之间的水平净距见表 4.6。地下燃气管道与相邻管道之间的垂直净距见表 4.7。

表 4.6　地下燃气管道与建筑物、构筑物或相邻管道之间的水平距离　　　　（m）

序号	项　　目		地下燃气管道				
			低压	中压		次高压	
				A	B	A	B
1	建（构）筑物	基础	0.7	1.0	1.5		
		外墙皮（出地面处）				4.5	6.5
2	给水管		0.5	0.5	0.5	1.0	1.5
3	污水、雨水排水管		1.0	1.2	1.2	1.5	2.0
4	电力电缆（含电车电缆）	直埋	0.5	0.5	0.5	1.0	1.5
		在导管内	1.0	1.0	1.0	1.0	1.5
5	通信电缆	直埋	0.5	0.5	0.5	1.0	1.5
		在导管内	1.0	1.0	1.0	1.0	1.5
6	其他燃气管道	DN≤300mm	0.4	0.4	0.4	0.4	0.4
		DN>300mm	0.5	0.5	0.5	0.5	0.5
7	热力管	直埋	1.0	1.0	1.0	1.5	2.0
		在管沟内	1.0	1.5	1.5	2.0	4.0
8	电杆（塔）的基础	≤35kW	1.0	1.0	1.0	1.0	1.0
		>35kW	2.0	2.0	2.0	5.0	5.0
9	通信照明电杆（至电杆中心）		1.0	1.0	1.0	1.0	1.0
10	铁路路堤坡脚		5.0	5.0	5.0	5.0	5.0
11	有轨电车钢轨		2.0	2.0	2.0	2.0	2.0
12	街树（至树中心）		0.75	0.75	0.75	1.20	1.20

表 4.7　地下燃气管道与相邻管道之间的垂直净距　　　　（m）

序号	项　　目		地下燃气管道（当有套管时，以套管计）
1	给水管、排水管或其他燃气管道		0.15
2	热力管的管沟底（或顶）		0.15
3	电缆	直埋	0.50
		在导管内	0.15
4	铁路轨底		1.20
5	有轨电车轨底		1.00

4.3.3.4　供气管网重构安全措施

燃气管网根据实际情况进行总体布置，尽量靠近用户。新敷设燃气管道尽量与居民发展建设同步，与其他基础设施统筹安排；在安全供气、布局合理的原则下，尽量减少穿跨越工程，采用支状管网敷设。

旧工业厂区内的居住区燃气管网一般为低压一级管网系统、中压一级管网系统或中低压二级管网系统。在采用低压一级管网系统时，居住区的中低压调压站入口管道和城市中压燃气管网连接，出口管道和居住区低压燃气管网连接，其压力应根据居住区燃气管网最大允许压差确定。主干管应尽量成环状，通向建筑物的支线管道可以辐射成枝状管网。燃气管网的布局应在满足用户需要的情况下主要考虑其安全性，注意保持与其他市政管线的安全距离。

居住区燃气管道的敷设方式一般采用埋地敷设，当燃气管道埋设在车行道下时，埋深不小于0.8m，在人行道下时，埋深不小于0.6m，在庭院内时，埋深不小于0.3m。居住区燃气设施主要包括液化石油气气化站和混气站、燃气调压站和液化石油气瓶装供应站等。

4.4　供电管网规划设计

4.4.1　供电负荷预测

供电负荷，也称用电负荷、电力负荷。街区供电负荷系指城市内某一街区内所有用户在某一时刻实际耗用的有功功率的总和。供电负荷预测是老旧街区重构中电力工程规划一项最基本的任务。街区的供电规模、变电站（所）的容量、输电线路的输电能力等均应依据供电负荷预测结果确定。如果变电站（所）和输电线路的容量选择过大，将造成设备的积压和浪费；反之，如果变电站（所）和输电线路的容量选择过小，则不能满足城市生产和生活的需要，从而阻碍城市各项事业的发展，以致在短期内又要新建或扩建供电系统，造成浪费和布局不合理。

4.4.1.1　准备工作

（1）供电负荷预测分类。供电负荷预测是电力规划的基础，按照电力需求的周期可以将其分为调度预测、短期预测、中期预测和长期预测，其中短期（近期）预测、中期预测和长期（远期）预测主要用于电力网络规划。短期电力需求预测周期为1~5年，中期电力需求预测周期为5~15年，长期电力需求预测周期为15~20年以上，主要用于制定电力工业的战略规划。

（2）供需现状分析。收集规划区域数年内的电力供需历史数据，主要有以下几种：

1）电量数据，包括全社会用电量、分行业用电量、各分区用电预测、电网统调及发购电量、售电量、高耗电行业用电量等。

2）电力负荷数据及负荷特性分析。

3）各类电源在建项目和预计投产时间。

4）街区内输配电电网现状。

4.4.1.2　中长期电力需求预测

中长期电力需求预测之间是相互联系和相互影响的，长期电力需求预测对中期电力需求预测具有指导作用，中期电力需求预测是对长期电力需求预测的滚动修正和完善，中长期电力需求预测的目的是依据城市社会经济的发展，分年度对规划区域的电力需求及其需求特性进行预测，其主要内容如下。

（1）发展现状及趋势分析：

1）收集数年规划区域社会经济发展的有关历史数据资料。

2）收集预测期内规划区域社会经济发展的有关规划数据资料。

3）对天气等环境因素与电力需求的变化进行相关性分析。

4）对区域经济发展的现状进行分析。

5）对预测期内社会经济发展的趋势及规划数据资料进行分析。

（2）中长期电力需求量预测。电量预测，包括全社会用电量和增长率预测、分行业用电量预测、各分区用电量预测、售电量预测。

按照电力电量平衡的有关原则，进行各年的电力电量平衡计算，并提供相应的平衡计算结果。对逐年电力电量平衡结果进行分析和评价，说明电源和电网存在及可能出现的问题。

4.4.1.3　供电负荷预测方法

供电负荷预测的方法有多种，各单位应根据本地区的负荷特点选用适合本地区负荷变化的预测方法。用于电力规划的电力需求预测方法主要分为确定性负荷预测、不确定性负荷预测、空间负荷预测3类。预测系统的构成如图4.25所示。

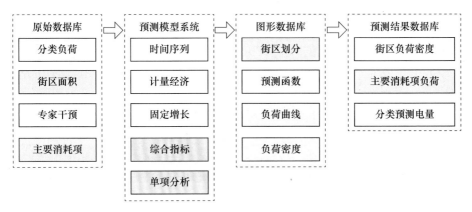

图 4.25　负荷预测系统构成

4.4.2　供电管网设计要求

4.4.2.1　电网结构规划

电网结构对电网具有决定性作用，电网结构合理，在节约投资的同时，还可限制电网短路电流，简化继电保护，提高系统稳定性。街区电网结构规划应符合以下基本原则：

（1）根据城市电压等级，对街区进行电力分区，并做到主次分明。

（2）必须加强一次送电网骨架，尽早形成高压主干网。

（3）加强受端电压，要有足够的电压支撑。

（4）相邻电网之间的连接宜采用一点连接方式。

（5）二次网络宜采用环网布置，开环运行。

4.4.2.2　满足城市规划

供电路径必须沿着城市市政规划部门划定的范围延伸。经过城市规划部门认定的路线，是由城市规划部门综合各方面利害关系得出的最为合理的方案。该方案既要能满足城市市容景观美化的要求，也要能满足线路长久安全运行，无须半途迁移改建。

较为繁华的街区应尽量采用电缆线路，如图 4.26 所示，虽然电缆线路初期工程投资较高，但从长远发展和安全的角度看，还是相当值得的，而且维护检修工作少，节省运行费用。特别是沿海多台风地区和气候条件恶劣的地区，其优点更为显著。同时，对现代化城市市容景观没有不良影响，有利城市的建设和发展。

4.4.2.3　保护区设置

保证安全是供电的第一位技术要求。一旦发生恶性事故，不但影响供电，而且更严重地威胁人身安全，甚至影响交通，扰乱城市正常生活。因此，线路的安全必须有足够的裕度。要求线路走廊要有足够的宽度，保证满足安全距离要求，如图 4.27 所示。同时，在人口易聚集的区域，确保各级电压导线边导线延伸的距离，不应小于导线边线在最大计算弧垂及最大计算风偏后的水平距离和风偏后距建筑物的安全距离之和。

图 4.26　电缆线路

图 4.27　电路保护

4.4.2.4　导线与各种地表物的最小安全距离

（1）导线与建筑物之间的最小垂直距离。送电线路不应跨越屋顶为燃烧材料做成的建筑物，如图 4.28 所示。对耐火屋顶的建筑物，亦应尽量不跨越，如需跨越时，应与有关单位协商或取得当地政府的同意。

（2）导线与树木之间的最小垂直距离。送电线路通过林区，应砍伐出通道。通道附近超过主要树种高度的个别树木应予以砍伐，如图 4.29 所示。

图 4.28　避开木屋顶

图 4.29　部分路段避开树木

4.4.3　供电管网布置

4.4.3.1　线路路径选择

按照线路起讫点间距离最短的原则，结合政府规划，避开已有送电线路、通信线、导航台、收发信台或其他重要管线的影响范围，考虑地形条件等因素。

尽可能选择长度短、水文和地质条件较好的路径方案；尽可能避开绿化区、果木林、公园、防护林带；尽可能少拆迁房屋及其他建筑物。

4.4.3.2　屋内外配电装置

（1）屋外配电装置的安全净距应符合表4.8的规定。当电气设备外绝缘体最低部位距地面小于2.5m时，应装设固定遮栏。

表 4.8　屋外配电装置的安全净距　　　　　　　　　　　　（m）

符号	适用范围	额定电压 / kV							
		3~10	15~20	35	63	110J	110	220J	500
A_1	带电部分至接地部分之间，网状遮栏向上延伸线距地2.5m处与遮栏上方带电部分之间	200	300	400	650	900	1000	1800	3800
A_2	不同相的带电部分之间，断路器和隔离开关的断口两侧引线带电部分之间，设备运输时，其外廓至无遮栏带电部分之间	200	300	400	650	1000	1100	2000	4300
B_1	交叉的不同时停电检修的无遮栏带电部分之间，栅状遮栏至绝缘体和带电部分之间	950	1050	1150	1400	1650	1750	2550	4550
B_2	网状遮栏至带电部分之间	300	400	500	750	1000	1100	1900	3900
C	无遮栏裸导体至地面之间，无遮栏裸导体至建筑物、构筑物顶部之间	2700	2800	2900	3100	3400	3500	4300	7500
D	平行的不同时停电检修的无遮栏带电部分之间，带电部分与建筑物、构筑物的边沿部分之间	2200	2300	2400	2600	2900	3000	3800	5800

注：1. 110J 系指中性点有效接地电网。
　　2. 海拔超过1000m时，A_1、A_2值应进行修正。

（2）屋内配电装置的安全净距应符合表 4.9 的规定。当电气设备外绝缘体最低部位距地面小于 2.3m 时，应装设固定遮栏。

表 4.9　屋内配电装置的安全净距　　　　　　　　　　　　　　（m）

符号	适 用 范 围	额定电压／kV									
		3	6	10	15	20	3	63	110J	110	220J
A_1	带电部分至接地部分之间，网状和板状遮栏向上延伸线距地 2.3m 处与遮栏上方带电部分之间	75	100	125	150	180	300	550	850	950	1800
A_2	不同相的带电部分之间，断路器和隔离开关的断口两侧引线带电部分之间	75	100	125	150	180	300	550	900	1000	2000
B_1	栅状遮栏至带电部分之间，交叉的不同时停电检修的无遮栏带电部分之间	825	850	875	900	930	1050	1300	1600	1700	2250
B_2	网状遮栏至带电部分之间	175	200	225	250	280	400	650	950	1050	1900
C	无遮栏裸导体至地楼面之间	2500	2500	2500	2500	2500	2600	2850	3150	3250	4100
D	平行的不同时停电检修的无遮栏裸导体之间	1875	1900	1925	1950	1980	2100	2350	2650	2750	3600
	通向屋外的出线套管至屋外通道的路面	4000	4000	4000	4000	4000	4000	4500	5000	5000	5000

4.4.3.3　线路与建筑物及设施的安全距离

（1）送电线路与甲类火灾危险性的生产厂房，甲类物品库房，易燃、易爆材料堆场以及可燃或易燃、易爆液（气）体储罐的防火间距，不应小于杆塔高度的 1.5 倍；与散发可燃气体的甲类生产厂房的防火间距应大于 20m。

（2）送电线路与铁路、道路、河流、管道、索道及各种架空线路交叉或接近，应符合规范要求。

4.4.3.4　接户线的安全距离

（1）接户线受电端的对地面距离：高压接户线 ≥4m，低压接户线 ≥2.5m。

（2）高压接户线至地面的垂直距离应符合有关规定，跨越街道的低压接户线至路面中心的垂直距离：通车街道 ≥6m，通车困难的街道、人行道 ≥3.5m，胡同 ≥3m，如图 4.30 所示。

（3）低压接户线与建筑物有关部分的距离：与下方窗户的垂直距离 ≥0.3m，与上方阳台或窗户的垂直距离 ≥0.8m，见图 4.31，与窗户或阳台的水平距离 ≥0.75m，与墙壁构架的距离 ≥0.05m。

（4）低压接户线与弱电线路的交叉距离：在弱电线路上方 ≥0.6m，在弱电线路的下方 ≥0.3m，如不能满足上述要求，应采取隔离措施。

（5）高压接户线与弱电线路的交叉角应符合有关规定。

（6）高压接户线与道路、管道、弱电线路交叉或接近，应符合规范的规定。

（7）低压接户线路与其他设施交叉跨越：导线与地面、建筑物、树木、铁路、道路、管道及各种架空线路的距离，应根据最高气温情况或覆冰情况求得最大弧垂，以及根据最大风速情况或覆冰情况求得的最大风偏进行计算。大跨越的导线弧垂应按导线实际能够足以承受的最高温度计算。

图 4.30　接户线距地距离

图 4.31　接户线与窗户间距

5 老旧街区基础设施安全规划

5.1 道路交通安全规划

5.1.1 道路交通功能与分级

5.1.1.1 道路交通功能

城市道路是城市人们生活和物质运输必不可少的重要交通基础设施，如图5.1所示，同时也起到了保护环境，为市政工程提供场地、城市规划、建筑艺术及防灾救灾等方面的作用。城市道路的功能主要划分为交通运输、公共空间、防灾救灾和引导城市布局四类。

图5.1 城市道路

（1）交通运输功能。交通运输功能是城市道路网的基本功能。道路网作为城市交通的重要物质载体，容纳了城市中各类交通主体的活动。而各种交通主体、交通方式、交通行为也对城市道路提出了不同的要求。

（2）公共空间功能。城市道路能为其两侧建筑的日照提供充裕的间距。另外，城市道路还经常作为城市轨道交通建设的空间，如有轨电车和沿道路布置的轻轨线路等，如图5.2所示。

(a)

(a)

图5.2 道路公共空间功能
(a) 轻轨沿快速路布置； (b) 道路景观

（3）防灾救灾功能。城市中可能发生的灾害很多，如地震、洪水、火灾、风灾、瓦斯泄漏及其他突发事故等。城市道路是防灾与救援的重要通道，也可以作为避难场所。在地震设防城市，需要考虑道路宽度与道路两侧建筑物高度的关系，重要通道应当满足在两侧建筑坍塌后仍有一定宽度的路面可供行驶的要求。另外，铺设主干管线的道路不能作为防灾救灾的主要通道，否则为了维修主干管线而开挖路面会严重影响救灾交通运输。

（4）引导城市布局功能。城市道路作为城市的骨架，是引导城市布局的重要手段。从宏观上看，城市主干路网可以起到组织城市用地的作用；从微观上看，局部城市道路改变会导致交通条件发生变化，进而影响周边建设用地的利用。例如，新道路的建设会吸引交通活动，促进周边的开发，可达性的改善也可能提高周边地块的开发密度等。

5.1.1.2 道路交通分级

道路分类与分级的目的在于充分实现道路的功能，并使道路交通更趋合理、有效。一般确定分类的基本因素是交通性质、交通量和行车速度。而街区道路由于街区结构组成与交通运输的错综复杂，难以用单一的指标分类。因此，街区道路的分类要综合考虑分类的基本因素，还应结合街区性质、规模及其现状来合理划分。

按照《城市道路工程设计规范》（CJJ37—2012）的规定，城市道路不再分类，而是直接分为四级，每一级道路设计车速分为三个档次。按照道路在道路网中的地位、交通功能以及对沿线的服务功能等，城市道路应分为快速路、主干路、次干路、支路四个等级，而街区道路主要为主干路、次干路、支路这三种类型。

（1）快速路。快速路，是指在城市内修建的、具有单向双车道或以上的多车道的城市道路，中央分隔带全部控制出入或控制出入口间距及形式，并实现道路连续流通的交通设施，是城市中大运量、快速的交通干道，并设有配套的交通安全与管理设施，如图 5.3 所示。

快速路在特大城市或大城市中设置，主要联系市区各主要地区、市区和主要的近郊区卫星城镇、主要对外公路。它主要

图 5.3 城市快速路

为城市远距离交通服务，具有较高车速和较大的通行能力。

（2）主干路。主干路是连接城市各主要分区的干路，以交通功能为主。主干路联系着城市的主要工业区、住宅区、港口、车站等货运中心，承担着城市的主要客货运交通，是城市内部的交通大动脉。个别流量特别大的主干路交叉口，也可设置立体交叉。主干路沿线不宜设置吸引大量人流的公共建筑（特别是在交叉口附近），必须设置时，建筑物应后退，让出停车和人流疏散场地。不宜搞成商业街，街道出入口应尽量设在侧面支路。

（3）次干路。次干路与主干路结合组成干路网，起到集散交通的作用，兼有服务功能。次干路是城市中数量较多的一般交通性道路。配合主干路组成城市干道网，起到联系各部分和集散交通的作用。一般不设立体交叉，部分交叉口可以扩大，并加以渠化，一般可设4 条车道，也可以不设专用的非机动车道。次干路兼有服务功能，两侧可设置公共建筑物，

并可设置机动车和非机动车停车场、公共交通站点和出租汽车服务站。

（4）支路。支路是联系次干路或供区域内部使用的道路，以服务功能为主。支路是一个地区内（如居住区内）的道路，是地区通向干道的道路。支路上不宜通行过境交通，只允许通行为地区服务的交通。此外，根据城市的不同情况，还可规划自行车专用道、有轨电车专用道、商业步行街、货运道路等专用道路。

5.1.1.3　街区道路的特点

（1）功能多样、组成复杂。街区道路除了用于交通功能外，还用于布置市政设施、停车场、城市通风、环境保护、建筑艺术、街区文化等，如图 5.4 所示。另外，街区道路的组成比一般公路要复杂，除了有机动车道外，还会有非机动车道、人行道、设施带、地下管道等，这些会给街区道路的规划、设计增加一定的难度。

（2）行人、非机动车交通量大。我国目前绝大多数的城市道路都同时承载着机动车、非机动车和行人通行的空间。城市的街区道路上行人和非机动车的交通量很大，在城市中心的街区尤其突出，如图 5.5 所示。

图 5.4　悠久的历史文化街道

图 5.5　繁忙的街区道路

（3）交叉口多。街区道路是以路网的形式出现的，要实现路网的"交通动脉"功能，频繁的道路交叉口是不可缺少的。就一条干线道路来说，大的交叉口间距为 800~1200m，中小交叉口则为 300~500m，有些"丁"字形的出入口间距可能更短一些。街区道路交叉口的存在，直接影响着车速和道路的通行能力。因此，交叉口设计是否合理，关系着能否发挥街区道路全部的系统功能。

（4）道路两侧建筑物密集。街区道路的两侧是建筑用地的黄金地带，道路一旦建成，沿街两侧鳞次栉比的各种建筑物也相应地建造起来，以后很难拆迁房屋，拓宽道路，如图 5.6 所示。因此，在规划设

图 5.6　狭窄的街区道路

计道路的宽度时，必须充分预测远期交通发展的需要，并严格控制好道路红线宽度。此外，还要注意建筑物与道路相互协调的问题。

（5）街区道路规划、设计的影响因素多。街区内一切人和物的交通均需利用街区道路；同时，各种市政设施、绿化、照明、防火等，无一不设在道路用地上。这些因素，在道路规划设计时必须综合考虑。

5.1.2　道路交通安全规划原则

5.1.2.1　前瞻性与系统性原则

道路交通安全管理规划的制定应该具有前瞻性和系统性。道路交通安全规划不是一成不变的，它应该适应当地未来一段时间内社会经济的发展形势、城市发展规划以及道路交通规划，所以它的制定必须具有一定的战略高度，具有方向的引导性。同时，道路交通安全的规划应该考虑人、机动车辆、环境因素以及管理手段等综合因素，既要考虑道路安全事故发生的原因，也要提出科学合理的解决方法，是一个系统性很强的理论体系。

5.1.2.2　以人为本的原则

道路交通安全规划应该遵循以人为本的原则。道路交通安全规划的最终目的是预防交通事故的发生，保障国民出行安全、有序、畅通，并且尽量减少因交通引起的环境污染，提高城市环境的质量。在道路交通安全规划中，对道路交通的现有状况进行科学的分析是非常重要的，是对未来道路交通安全趋势分析以及道路交通安全规划制定的基础。

因此对于事故多发的原因分析应该具体并且量化，包括本地机动车辆的构成、具体的路况信息、道路安全设施的状况、事故发生的时间段、事故多发的地点、事故发生的具体原因甚至事故发生的趋势等。只有进行科学有效的分析，才能够制定出具有可操作性、针对性的交通安全管理理论体系，降低交通事故的发生率，保障人民出行的安全。

5.1.2.3　参照性原则

道路交通安全趋势预测和道路交通安全规划的制定需要参考交通道路安全与管理的现状以及事故多发情况的分析结果。根据事故多发的原因、危险路段的道路安全设施建设和危险路段产生的可能性预测当地未来一段时间内经济发展趋势和机动车构成的变化，预见未来潜在的道路交通危险地段，制定预警方案。

5.1.2.4　流量控制原则

在道路交通安全管理方面，需要满足交通流量的平衡性，要求每条道路都可以得到100%的利用。研究显示，对于正在运行中的道路交通系统而言，交通流量是处在变化过程中的，我们应该追求瓶颈路段的匹配性，降低交通事故发生率，减少由于交通拥堵等问题带来的经济损失，追求每个每条道路的"活力"。举例来说，如某条路段的利用率可以达到100%，如果其后续路段只能够承受60%的流量，那么剩余40%的流量会成为滞留交通流量，这必然会影响道路的利用率，只能够达到60%的有效性。因此，关于道路交通的安全管理，需要以流量平衡为出发点进行考虑。

5.1.2.5　实际性原则

对道路交通安全设施进行规划和管理的时候应该明确设施设置的必要性、设置设施的具体路段以及设置的安全设施的类型，根据路段要求设置道路安全设施与隔离带，同时还需要注意对交通车辆的故障进行预防，加强道路安全设施的养护。

道路系统应体现功能分级，各等级道路之间应有合理的比例和密度，有较好的衔接。道路网络布局应与城市规划、自然环境紧密结合，在满足城市规划对道路系统网络结构要求和交通系统功能需要的同时，做到与自然环境的有机融合，充分考虑对现有道路的利用，兼顾公交车与其他机动车的使用，与周边用地紧密配合，如图5.7所示。

图5.7　充分利用街区道路停车

主骨架道路网络是道路系统的核心骨架，由高速路、快速路、交通性主干道构成，应分布于重要的机动车交通走廊上，具有较高的技术标准和道路容量。道路布置宜结合天然屏障或生态隔离带，尽量减少对建设用地的隔断，避免与轨道线网重合。对外具有开放性，与公路网有较好的交通衔接。

5.1.3　道路交通安全设计内容

5.1.3.1　道路线形设计

道路线形是由直线和曲线连接而成的空间立体线形形状，即是道路中心线的空间描绘。线形设计不好的话，轻者乘客会感到不舒服，司机行驶感到麻烦，重者会影响车辆行驶的安全性，导致造成交通事故频发。道路设计规范只能对某些施工硬性的技术指标做出指示，如对平曲线半径、竖曲线半径、纵坡坡度、坡长等都分别做出了相关规定，而对这些指标之间的组合之下形成的新问题以及特殊性考虑甚少。如果设计人员没有考虑到行驶车辆的安全性，那么设计出的道路就不会是一条优秀的城市道路，因为优秀的城市线形道路，是车辆安全、迅速、舒适地行驶的首要条件。

设计人员在线形设计时除了要考虑规划红线外，还应该综合考虑原有的建筑、道路桥梁及其他构筑物等对新路设计的影响。在不降低道路的技术标准的前提条件下对上述发生的情况尽可能采取避让、利用以及改造等手法使设计工程量降至最低。另外，城市道路作为城市景观不可或缺的一部分，还会受到地形、地貌、地物排水和地质条件及水文条件等各项因素的制约影响。因此，在布线时应尽量让所选路线与地形地势相互协调融洽，使它既要融于自然，又要设法利用自然条件，同时还要尽量解决自然中的不利因素和影响。设计人员在线形设计时还应考虑道路路线内部平面及纵、横断面之间的协调性。它们的组合合理性是保证道路符合技术标准的重要条件之一，要使之能达到行车快捷方便、安全舒适、便于集散的目的。

5.1.3.2 路面设计

（1）路面结构的组成。路面结构一般由面层、基层、垫层组成。面层是直接承受行车荷载作用、大气降水和温度变化影响的路面结构层次，应具有足够的结构强度、良好的温度稳定性，耐磨、抗滑、平整和不透水。基层是设置在面层之下，并与面层一起将车轮荷载的反复作用传递到垫层、土基等起主要承重作用的层次。

（2）路面类型与等级。1）路面类型。按使用材料分为沥青类、水泥混凝土类、粒料、块料等；按荷载作用下的力学性质分为柔性路面、刚性路面、半刚性基层及半刚性路面。2）路面等级。按面层的使用品质、材料组成类型以及结构强度和稳定性的不同，将路面分为四个等级：高级路面、次高级路面、中级路面和低级路面。

（3）路面设计的原则：

1）根据道路等级与使用要求，遵循因地制宜、合理选材、方便施工、利于养护的原则，结合本地条件与实践经验，对路基路面进行综合设计，以达到技术经济合理、安全适用的目的。

2）柔性路面结构应按土基和垫层稳定、基层有足够强度、面层有较高抗疲劳、抗变形和抗滑能力等要求进行设计。结构设计以双圆均布垂直和水平荷载作用下的三层弹性体系理论为基础，采用路表容许回弹弯沉、容许弯拉应力及容许剪应力三项指标。层间结合必须紧密稳定，以保证结构的整体性和应力传布的连续性。

3）刚性路面混凝土板的厚度，按行车产生的荷载应力不超过水泥混凝土在设计年限末期的疲劳强度并验算温度翘曲应力后确定。板长应使最大行车荷载应力和最大翘曲应力迭加值不超过水泥混凝土的弯拉强度。

4）路面在设计满足项目区域交通量和使用功能的前提下，根据当地的气候、水文、地质等自然条件和交通情况，在设计年限内具有足够的承载力、耐久性、舒适性、安全性的要求，本着因地制宜、合理选材、方便施工、节约投资的原则，遵循道路工程新技术的发展方向，开展路面综合设计，选择经济合理、技术先进并适合该地区情况的路面结构方案。

5.1.3.3 道路安全设施设计

A 道路标志

交通标志设置的目的是为道路使用者提供准确、及时和足够的信息，并满足夜间行车的视觉效果。结合道路的交通特点，标志的设置原则主要是使道路使用者在高速行驶的条件下，能正确、完整地捕获有效信息，如方向、地点、距离等，并强化对车辆的引导作用，合理地引导车流，以充分发挥高速公路快捷、安全、舒适的作用。

此外，全线标志布设应均衡而不宜过于集中在局部路段；标志结构形式设计及标志的布设与道路线形及周围环境要协调一致，满足美观及视觉的要求，提高标志的视认性。

公路交通标志：是用图形符号和文字传递特定信息，用以管理交通、指示行车方向以保证道路畅通与行车安全的设施。适用于公路、城市道路以及一切专用公路，具有法令的性质，车辆、行人都必须遵守。公路交通标志分为主标志和辅助标志两大类。主标志中有警告标志、禁令标志、指示标志和指路标志四种。公路标志的形状、颜色、尺寸、图案种类和设置地点均按现行的《道路交通标志和标线》（GB 5768）的规定执行。辅助标志是附设在主标志下，起辅助说明作用的标志，分别表示时间、车辆种类、区域或距离、警告和禁令理由等类型。

各种标志设置的位置：警告标志设置的位置与公路的计算行车时速有关。在农村山区公路，一般应设在距离危险地点 20~50m 的地方。禁令标志一般应设置在需要限制或禁止的地方，除禁止停车标志外均应成对设置在限制或禁止路段的起终点和桥梁的两端。指示标志多用于城市道路和高等级公路，一般公路使用较少。指路标志在一般公路上常用的有地名、分界、指向等标志和里程碑、百米桩、公路界碑。地名标志设在城镇的边缘处；分界标志设在行政区划、管养路段的分界处；指向标志设在距离交叉路口 30~50m 处。

B 道路标线及路钮

a 标线的设置

为满足夜间行车的视觉效果，提高夜间行车的安全性，高速公路大都采用热熔型反光标线，标线厚度为 1.5~2.0mm。此外，标线涂料应符合 JT/T 280—1995《路面线涂料》的相关要求。一般情况下主线上为四条车道边缘线，二条车道分界线，车道边缘线采用线宽为 20cm 的实线，车道分界线采用线宽为 15cm 的虚线，如图 5.8（a）所示；在互通立交出入口处及收费岛头前划收费岛斑马线和路面导向箭头，在收费站广场划减速斑马线；加减速车道、辅助车道、匝道硬路肩渐变段的车道边缘线需现场顺势过渡，避免出现硬急弯。

b 路钮的设置

路钮是一种粘贴或锚固在路面上，用来警告、诱导或告知司机道路轮廓或道路前进方向的装置，如图 5.8（b）所示，它可分为反光路钮和不反光路钮两大类。路钮一般配合路面油漆、热塑标线使用或以模拟路面标线的形式独立使用。路钮在不良气候和环境下（如雨天雾天，路面灰、泥多等）能有效地保证司机的视认性。路钮的主要缺点是由于其突出的特点，在一般公路上对骑自行车和摩托车者构成潜在的危险，但这可通过降低路钮的高度使危险性降至最小。

(a)　　　　　　　　　　　　　　　　(b)

图 5.8　道路标线及路钮

(a) 道路标线；(b) 道路路钮

C 道路护栏

道路护栏（图 5.9）作为公路上的基本安全交通设施，对公路上的安全起着积极的作用，但同时护栏本身也是一种障碍物，护栏太高，会使驾驶员心中产生一定的恐惧心理，也就是所谓的"墙效应"；而护栏太低，则起不到隔离的作用，甚至有行人会跨越，影响交通。所以护栏的设置也有一定的要求和规定。

图 5.9　道路护栏

(a) 主干路道路护栏；(b) 次干路道路护栏

a　护栏的高度要求

在失控车辆与护栏发生碰撞时，希望护栏能作用于车辆的有效部位，既不致使车辆越出护栏，也不致使车辆钻入护栏横梁的下面。比较理想的情况应该是通过护栏的整体作用迫使车辆逐步转向，一直恢复到正常的行驶方向。但目前的汽车制造朝着重型汽车和微型汽车的两个方向发展，微型汽车的前车盖更趋于流线型而变低，在与护栏相碰时，很容易钻入波形梁护栏的横梁下面而造成严重的后果。而重型汽车在与护栏碰撞时，可能产生跳跃问题，速度很高时危险性更大。上述两种情况都是不希望发生的，故需要好好研究和确定护栏的合理安装高度。根据经验，防止车辆撞击和越出护栏的高度是：缆索护栏——从地面到最上一根缆索顶的高度为 950mm；箱梁护栏——从地面到箱梁顶的高度为 700mm；波形梁护栏——从地面到横梁顶的高度为 755mm。上述护栏高度，几乎可以适应所有乘用车，以及大部分轻型货车、厢式货车、多用途车。

b　护栏的最小设置长度

护栏依靠其连续的结构发挥整体作用而起到防护功能，如果护栏设置长度较短，不但影响美观，而且不能发挥护栏的导向功能，增加碰撞的危险性。因此，必须对护栏最小长度进行检验，即要满足结构上所需要的最短长度。同时，对于为保护路侧危险物而设置的护栏，其最小长度应不使汽车冲出护栏。护栏的最短长度主要取决于碰撞能量，不同设计行车速度对护栏最小结构长度的要求如下：当设计行车速度 $v<70km/h$ 时，其长度不小于 28m；当 $70km<v<100km/h$ 时，其长度不小于 48m；当 $v>100km/h$ 时，其长度不小于 60m。此外，当在车道上行驶的车辆发生偏离冲出护栏撞到危险物上或是越出护栏碰撞危险物时，可根据道路、自然环境条件采取必要的措施，如使护栏与危险物之间有充分的距离，或者把护栏的长度扩大。

D　隔离封闭设施

隔离封闭设施是防止人和动物随意进入或横穿汽车专用公路，防止非法占用公路用地现象产生的基础设施，隔离封闭设施可有效地排除横向干扰，避免由此产生的交通延误或交通事故，从而保障汽车专用公路快速、舒适、安全和运行特性得以充分发挥。隔离封闭设施包括设置于公路路基两侧用地界线边缘上的隔离栅和设置于上跨公路主线的分离式立交桥或人行天桥两侧的防护网。

隔离栅的形式有刺铁丝网、钢板拉网、编织网和焊接网（涂塑）隔离栅等，如图 5.10 所示。目前，一般路段采用刺铁丝网形式，在立交区、服务区和收费站为了美观和强度需要采用编织网或焊接网（涂塑）隔离栅等形式，而钢板拉网因价格较贵，很少采用。隔离栅遇桥梁、通道时，应朝桥头锥坡（或端墙）方向围死，不应留有让人、畜可钻入的空隙；隔离栅与涵洞相交时，如沟渠较窄，隔离栅可直接跨过；沟渠较宽，隔离栅难以跨过时，可采取桥梁、通道的处理方法。在沿线上跨主线的分离立交两侧应设置桥梁防护网，以防止桥上落物对主线上行车的干扰。桥梁防护网采用编织网或焊接网形式，网高一般离路面为 2m。

(a)　　　　　　　　　　　　　　　　　(b)

图 5.10　道路隔离栅

(a) 钢板拉网道路隔离栅；(b) 编制网道路隔离栅

E　防眩设施

防眩设施就是指防止夜间行车时对向车辆前照灯眩目的人工构造物，如图 5.11 所示。防眩设施一般设置于中央分隔带上，主要作用是防止夜间相向而行的车辆灯光造成的眩光作用，以防止发生交通事故。防眩设施有防眩板、防眩网和生物防眩等三种。中央分隔带植树原则上不属于防眩设施，但植树除具有美化路容的功能外，同时还可起着防眩的作用，故植树也可作为防眩设施的一种类型。

设计时结合道路实际，一般在无法绿化的路段中央分隔带上设置防眩板。防眩板为钢质板、玻璃钢制作，设置间距为 50~100cm，倾角为 8°，通过连接件架设在中央带护栏上或是以单独结构安装。为了改善视觉感受，并与周围环境协调一致，多采用绿色。

图 5.11　道路防眩设施

5.2　交通设施规划设计

5.2.1　交通设施规划设计内容

交通设施是指为使道路通行能力最大、经济效益最高、交通事故最少、公害程度最低，而沿道路用地范围及周边设置的系统、设施，或给人、车配备的装备，即为使车辆高速、高效、安全、舒适地行驶而设置的各类设施的总称。它具有提高行车安全性、提高道路通行能力和运行效率、保证车辆连续运行、降低交通能耗、保护交通环境、提高出行的舒适程度和方便程度等功能。

在交通设施规划设计过程中，规划设计内容通常包括交通安全设施、交通管理设施、静态交通设施、交通服务设施、道路景观环境与绿化设施、道路照明设施、收费系统、监控系统等。另外，也包括道路通信系统，道路供配电系统和沿线建筑设施等。

5.2.2　自行车与机动车停车规划设计

停车是完成车辆出行的必要环节，是为了实现车辆出行而采取的必要手段，车辆停放是城市交通过程中不可分割的组成部分。与车辆出行相呼应，车辆的停放被称为静态交通。对于城市车辆来说，有行驶必有停放，每一次出行的每个端点，都存在着车辆停放问题。

停车问题是城市发展过程中出现的交通问题，也可以说是城市现代化过程必然出现的问题。从总体上看，城市停车问题主要表现为停车需求与停车场供应不足的矛盾和停车空间扩展与城市用地不足的矛盾。具体表现为停车场的缺乏，乱停、乱放及占道现象愈演愈烈，如图 5.12 所示，不仅降低了道路上车辆的行驶速度及道路通行能力，减少了道路网容量，降低了人们出行的便利程度，而且妨碍市容美观，还恶化了城市环境，直接影响了城市居民的工作和日常生活。

图 5.12　随意停放的自行车

因此，解决城市街区的停车问题，须从根本上提高对城市停车问题的认识，关注城市静态交通的组织建设、深入做好停车问题的调查和停车问题的机理分析，科学做好城市停车规划。

5.2.2.1　机动车停车规划设计

A　停车场布局规划

停车场的规划布局是在需求预测和分析的基础上，根据城市街区总体规划和区域详细规划对停车场的类型、地址及泊位进行布局，然后再对新的停车系统进行评价，它主要包括下列方面的内容：（1）合理确定停车设施的类型；（2）合理确定停车设施的位置；（3）

合理确定停车设施的容量。

合理确定停车场的类型就是指在规划区域内哪些停车需求该由专用及配建停车场承担，哪些该由社会停车场承担；合理确定停车场的位置就是指在实际情况允许的条件下，尽量使得停车场到各停车生成点的距离最短。

B 影响停车场布局规划的主要因素

（1）汽车的可达性。汽车的可达性是指汽车到达（距离）停车场地的难易程度。车辆的可达性主要由停车场出入口的设置决定，不同道路等级、不同交通流状况对停车场的出入口有较大的影响。停车设施只有具有较高的汽车可达性，才可能获得较高的利用率和较显著的社会经济效益。停车场设在不同等级道路上，其汽车可达性有较大的差异。

（2）服务半径。即停车者从停车场到目的地之间的距离，反映了停车者对停车设施到达其目的地便捷程度的要求，停车场应尽可能地建立在停车发生源集中并可望使停车者下车的步行距离最短的地方。泊车者一般只能接受一定长度内的步行距离，步行距离过大将明显影响停车设施的利用率。国内外研究表明，停车者的步行时间以 5~6min、距离为 300m 为宜。

（3）建设费用。停车场的土地开发费用（建设费用）包括征购土地费、拆迁费、建造费及环保等的总费用。它是公共停车场规划布局的重要因素之一，特别是对于用地紧张、建设费较高的中心区尤其重要。它和停车场的使用效率一起，在很大程度上决定着停车场的社会经济效益。

（4）总体规划的协调与城市规划的协调性。停车场选址应该考虑其规划范围内未来停车发生源在位置和数量上的变化，以及城市道路的新建和改造。并且为了提高停车场的利用率，最大限度地满足停车需求，应尽量均匀地布置停车场，使规划的停车场在已有停车场的服务半径之外，做到规划的连续性、协调性。

图 5.13 街区道路路内停车场

（5）路网状况及周边路外停车设施建设状况。路内停车场的规划设置，主要是解决短时停车需求，提供短时停车服务及弥补路外停车供应不足，如图 5.13 所示。路内停车规划应根据路内停车规划区域内不同时段可以提供的相应服务水平来确定路内停车泊位。路内停车的规划设置要以行车顺畅为原则，以该地区路外公共停车场及建筑物配建停车场泊位不足为前提，与城市交通发展战略、城市街区交通规划及停车管理政策相符合，与城市街区风貌、历史、文化传统、环保相适应。

（6）停车场的收费。停车场的管理制度和收费不同，也会对停车吸引和停车场的选址有影响。

除此之外，影响停车场布局规划的其他因素有城市总体规划、城市土地利用、城市交通分布、机动车保有量等。在进行停车布局规划时，要严格按照城市用地控制，包括禁止建设区、限制建设区和适合建设区，进行规划管理。

C 路外公共停车场规划

对机动车出行者而言，选择停车场的原则是尽量靠近其出行目的地，而且停车费用较少。路外公共停车场（图 5.14）的建设不仅应考虑运营后的经济效益，还应考虑是否有充足的用地，因而路外公共停车场的选址就成为非常关键的环节。决定停车场选址的主要因素是城市总体规划和用地的可能性，还有停车场的合理服务半径。其主要选址原则体现在以下几个方面：

图 5.14　路外公共停车场

（1）路外公共停车场的服务半径一般不超过 300m，中心区不超过 200m，即下车后平均步行时间 5~6min。路外公共停车场离主要服务对象太远，不利于吸引车辆的使用停放。

（2）单处路外公共停车场的容量一般不超过 200 个泊位，布局尽量小而分散。

（3）形式因地制宜，减少拆迁，如可以通过让建筑物退后道路红线，留出空地设置小型路外公共停车场，另外用地紧缺地区积极采用立体停车形式。

（4）路外公共停车场位置应靠近主要城市道路，避免选择偏僻街区，以利于车辆使用，同时停车场出入口尽可能远离交叉路口。

（5）路外公共停车场选址时，考虑周边建筑物配建停车场、路内停车场泊位供给情况。

（6）配合旧城改造，结合公共绿地、城市广场等，设置路外公共地下停车库。

D　路内公共停车场规划

路内停车场（图 5.15）是优缺点比较突出的停车设施，它是停车系统中不可或缺的一部分，在整个城市停车系统中的功能定位应为"路外停车场的补充和配合"。决定其发挥优势还是暴露缺点的关键因素之一就是能否对其进行科学的规划和设置。科学规划和设置路内停车场的内容包括确定路边停车合理的规模、停车的路段位置和时间、不同的停车泊位布置方式等。

(a)　　　　　　　　　　　　　　　　　　　　(b)

图 5.15　路内公共停车场

(a) 次干路路内公共停车场；(b) 限时段收费路内公共停车场

路内公共停车场是在路外公共停车场设置的基础上进行规划设置的，路内公共停车场设置必须控制适当的停车供需关系，使道路交通与停放车拥挤保持在一个合适的水平上，使停车容量与路网交通容量保持平衡，设置路内停车场应遵循以下原则。

（1）在城市快速路和主干路上禁止设置路内停车场，路边停车泊位主要设置在支路、交通负荷较小的次干路及有隔离带的非机动车道上。次干路与支路路宽在 10m 以上，道路交通高峰饱和度低于 0.8 时，容许设置路内停车场，但必须以行车顺畅为原则，以路外公共停车泊位不足为前提。

（2）路内停车应与路外停车相协调。要考虑路外停车设施的供给水平及管理现状（如收费水平等），保证规划的路内停车设施不会影响到路外停车设施的运营，保证充分发挥路外停车设施的主导作用。在设置有路外公共停车设施的周围服务半径 200~300m 范围内，原则上禁止设立路内停车设施，已经设置的应逐步予以清除。

（3）为避免造成道路交叉口的交通混乱，路内停车的设置应尽可能地远离交叉路口，交通量较大的道路上应避免停车左转出入，高峰时段内禁止左转。路边停车泊位与交叉口的距离以不妨碍行车视距为设置原则，建议与相交的城市主、次干路缘石延长线的距离不小于 20m，与相交的支路缘石延长线的距离不小于 10m，单向交通出口方向，可以根据具体情况适当缩短与交叉口的距离。

（4）路内停车场的设置应因地制宜。一些非机动车流量小的道路，交通量一般较小，道路利用率低，可研究开辟路内停车场；在交通管理规定机动车单向行驶的道路交通组织较为方便，可设置一定的停车泊位；在城市步行街、公交专用道和自行车专用道等道路上，不得布设路内公共停车场。停车场布局应尽量小而分散，推荐每个停车设施泊位量不大于 30 个为宜。

（5）路内停车要考虑设置的定量依据，要满足最小道路宽度、交通障碍率和设置后道路的服务水平的要求。

（6）设置应给重要建筑物、停车库等的出入口留出足够的空间。在消防栓、人行横道、停车标志、让路标志、公交车站、信号灯等前后一定距离内不应设置路边停车位；在步行街、公交专用道和自行车专用道等道路上，不得设置路边停车位；在桥梁和隧道内应禁止设置路边停车位。

（7）路内停车规划必须符合城市交通发展战略、城市交通规划及停车管理政策的要求。

（8）路内停车应与城市街区风貌、历史、文化传统、环保要求相适应。

（9）路内停车设施的设置应以现状为基础，中心区内原则上不再增加新的路内停车设施。

5.2.2.2　自行车停车规划设计

自行车停车场的设置应首先考虑它的便利性，无论在空间的布置、规模的大小还是出入口的设置上，均应最大限度地为出行者提供方便，如图 5.16 所示。其次是安全性，一方面，自行车停车场的安全性主要体现在私人自行车使用者不会感觉到自己的私有财产被盗窃或遭到破坏；另一方面，在恶劣天气下，自行车不会遭到严重的损坏。最后是在美观上，即自行车停车场的设置应当与周围的环境相协调，这样可以给自行车使用者带来美感。因此，自行车停车场在布置和规划时应当遵循以下几个原则：

（1）停车场在规划布置时应首先考虑停车性质，是属于大型商业区的停车场还是属于交通枢

图 5.16　自行车停车场

纽或交通换乘作用的停车场，给予准确的定位，便于后期规划时综合考虑周围的因素，合理设置停车场的规模。

（2）自行车停车场的分布应尽可能分散设置，以避免居民在停车换乘时穿越马路而造成不便；一般自行车停车场不应占据道路空间，只有在条件不允许的情况下，才可以设置在人流量较少的支路或街巷中。

（3）停车场的规模大小应当综合考虑街区人群的使用需求和周围用地等因素，以确定合理的泊车位，避免自行车停车规模过大或过小。

（4）自行车停车场出入口的位置应尽可能设置在交通疏散的道路一侧，并具有良好的视距。另外，当自行车停车场的规模比较大时，单个出入口不能满足人们的需求，这时，需考虑增加一个或以上出入口，以保证人们停放车辆的有序性。

（5）无论是带桩的自行车停放场地，还是容纳各类自行车停放的场地都应当设置规范的标志标线，方便停车场地的有序化管理。

（6）对于轨道交通周边的自行车停车场的设置应当兼备柔性和弹性，可以适应各种类型的自行车停靠。同时，自行车停车场规模不应过大，否则可能会在周边与其他交通方式发生很大的冲突，造成骑行的不安全。

（7）自行车停车场在设置时，应当在人流量较少的街巷设置成长条形状的停车形式，一般15~20m为一段，顺着人行道的方向出入，不影响正常的交通流。

5.2.3 交通安全标志布置

A 街区警告标志

警告标志是警告车辆、行人注意危险地点及应采取措施的标志。驾驶员在一条不熟悉的道路上行驶，不可能知道行驶前方存在有潜在危险。警告标志的作用就是及时提醒驾驶员前方道路线形和道路状况的变化，使其在到达危险点以前有充分时间采取必要行动，确保行车安全。街区常见的警告标志见表5.1。

表 5.1　街区警告标志

名　称	作　用	位　置
交叉路口标志	用以警告车辆驾驶人谨慎慢行，注意横向来车相交	设置在视线不良的平面交叉路口驶入路段的适当位置
双向交通标志	用以促使车辆驾驶人注意会车	设置在由双向分离行驶，因某种原因出现临时性或永久的不分离双向行驶路段的适当位置
注意行人标志	用以促使车辆驾驶人减速慢行，注意行人	设置在行人密集，或不易被驾驶员发现的人行横道线以前的适当位置
注意儿童标志	用以促使车辆驾驶人减速慢行，注意儿童	设置在小学、幼儿园、少年宫等儿童经常出入地点前的适当位置
注意信号灯标志	用以促使车辆驾驶人注意前方路段设有信号灯	设置在驾驶员不易发现前方为信号灯控制路口
注意非机动车标志	用以促使车辆驾驶人注意慢行	设置在经常有非机动车横穿、出入的地点以前的适当位置
慢行标志	用以促使车辆驾驶人减速慢行	设置在前方需要减速慢行的路段以前的适当位置

B 街区禁令标志

禁令标志是根据道路和交通情况，为保障交通安全而对车辆和行人交通行为加以禁止或限制的标志。街区常见禁令标志见表5.2。

表5.2 街区禁令标志

名 称	作 用	位 置
禁止通行标志	表示禁止一切车辆和行人通行	设置在禁止通行的道路入口附近
禁止驶入标志	表示禁止车辆驶入	设置在禁止驶入的路段入口，或单行路的出口处
禁止机动车通行标志	表示禁止各类机动车通行	设置在禁止机动车通行路段的入口处。有时间、车种等特殊规定时，应用辅助标志说明。
禁止非机动车通行标志	表示禁止各类非机动车通行	设置在禁止非机动车通行路段的入口处
禁止行人通行标志	表示禁止行人通行	设置在禁止行人通行的地方
禁止向左（或向右）转弯标志	表示前方路口禁止一切车辆向左（或向右）转弯	设置在禁止向左（或向右）转弯的路口以前的适当位置
禁止直行标志	表示前方路口禁止一切车辆直行	设置在禁止直行的路口以前的适当位置。
禁止掉头标志	表示禁止机动车掉头	设置在禁止机动车掉头路段的起点和路口以前的适当位置
禁止停放标志	表示禁止车辆停放	设置在禁止车辆停放的地方
禁止鸣喇叭标志	表示禁止机动车鸣喇叭	设置在需要禁止机动车鸣喇叭的地方
限制速度标志	表示该标志至前方解除限制速度标志的路段内，机动车行驶速度不准超过标志所示数值	设置在需要限制车辆速度的路段的起点

C 街区指示标志

指示标志是指示车辆、行人按规定方向、地点行进的标志，街区常见指示标志见表5.3。

表5.3 街区指示标志

名 称	作 用	位 置
向左（或向右）转弯标志	表示一切车辆只准向左（或向右）转弯	设置在车辆必须向左（或向右）转弯的路口前的适当位置
直行和向左转弯（或直行和向右转弯）标志	表示一切车辆只准直行和向左转弯（或直行和向右转弯）	设置在车辆必须直行和向左转弯（或直行和向右转弯）的路口以前的适当位置
向左和向右转弯标志	表示一切车辆只准向左和向右转弯	设置在车辆必须向左和向右转弯的路口前的适当位置
靠右侧（或靠左侧）道路行驶标志	表示一切车辆只准靠右侧（或靠左侧）道路行驶	设置在车辆必须靠右侧（或靠左侧）道路行驶的地方
步行标志	表示该街道只供步行	设置在步行街的两侧
公交线路专用车道标志	表示该车道专供本线路行驶的公交车辆行驶	设置在该车道的起点及各交叉口入口前的适当位置
非机动车车道标志	表示该道路只供非机动车行驶	设置在非机动车行驶的道路的起点及各交叉路口和入口前的适当位置

5.3 消防设施更新改造

5.3.1 消防设施更新原则

5.3.1.1 遵循相关法规

为了使老旧街区消防设施更好地实行有效化运作,消防设施的更新建设应该符合国家相关消防法规的规定。相关消防法规的执行不仅是消防设施有效运作的有力保障,而且为政府与社会组织提供高水准的公共服务奠定坚实基础。例如按照国家工程建筑消防技术标准需要进行消防设计的建筑工程,建筑单位应当将建筑工程的消防设计图纸及有关资料报送公安消防机构审核。因为消防设计具有很强的专业技术性,是建筑工程消防安全的源头。只有通过消防设计审核,监督执行国家工程建筑消防技术标准,才能从根本上消除先天性火灾隐患。

5.3.1.2 与城市规划协调统一

消防设施的更新改造是老旧街区更新改造的必要组成部分,也是城市规划建设的必要组成部分,街区消防设施建设的部署与管理是以一定时期内城市发展总体目标为依据的。城市发展规划在确定城市性质和规模的基础下,协调安排城市建设的各组成要素。老旧街区消防总体规划是一项关乎老旧街区消防安全和城市长远发展的全局性工作,是街区所在城市的社会、经济、自然以及工程技术实力的综合反映。例如,按照区域经济、消防安全、城市卫生的要求,一般将占地多、货运量大、火灾危险性大、污染较严重的工业企业,布置在城市的边缘,远离居民区。在这些地方的老旧街区应该加强公共消防设施的覆盖密度,保障消防安全。对于老旧街区的不均衡布局,应结合城市建设规划适当调整消防设施布局,充分利用原有消防设施并逐步改善消防条件。

总之,进行老旧街区消防设施的更新改造时,须结合各项市政工程的特性,尽量安排能满足消防安全需求的消防站、给水管网、消防车道的布局及消防通信等装备的配置,综合考虑防火、抗震和抗灾等规划建设。

5.3.1.3 统筹布局

为了提高城市抗御火灾的能力,全国各地级城市把城市公共消防设施建设作为夯实城市消防安全的一项根本性、基础性工作。根据《城市消防规划建设管理规定》精神,城市消防消防站、消防给水、消防车通道、消防通信、消防装备等公共消防设施,应当纳入城市总规划,实行统筹布局,而老旧街区通常属于城市的一部分,其消防设施更新建设也应纳入城市总规划。

老旧街区消防站(图 5.17)的位置选择和占地面积,首先要服从城市规划部门和公安消防部门的统一管理。消防站设置应以适应迅速扑救火灾的需要,保卫生命财产的安全为目标。街区消防给水工程是街区消防规划管理中的重要组成部分,是迅速、有效扑灭火灾的重要保证。老旧街区消防设施更新建设应当根据具体自然环境和经济条件,建设合格的

图 5.17　老旧街区消防站

消防给水管道、消火栓、消防取水设施。若消防给水设备出现损坏，应由相关部门及时修复，以满足灭火救援时的供水需求。在城市建筑密集的街区，要坚持贯彻城市消防道路规划，严格规范消防车通道的宽度、间距和转弯半径等指标，有效保障消防车通道畅通无阻。消防通信系统一般包括有线通信系统、无线图像系统、图像成熟和计算机系统，是受理火灾报警、调度救援力量的重要公共消防设施。按我国消防法规有关规定，城市消防通信设施应由城市供电、电信和市政工程等部门统筹规划，并由公安消防机关监督贯彻实施。消防装备是消防部队开展灭火救援战斗的必要前提。在综合考虑城市消防规划编制的基础上，逐步完善消防装备的配置结构，更加有利于充分发挥其应有的效能。

5.3.2　消防管网布置

5.3.2.1　室外消防管网布置

（1）室外消防给水管网应布置成环状，在建设初期，采用环状管网有困难时，可采用枝状管网，但应考虑将来有连成环状管网的可能。同时在消防用水量较大的区域，（例如消防用水量超过 20L/s，应设消防水池。一般居住建筑和企事业单位内，如果消防用水量不大，例如消防用水量小于 15L/s，设置环状管网有困难时，可采用枝状管网，火场用水安全问题可由消防队采取相应措施予以保证。

（2）环状管网的输水干管及向环状管网输水的输水管均不应少于两条，当其中一条发生故障时，其余的干管应仍能通过消防用水总量。

（3）为确保火场用水，避免因个别管段损坏导致管网供水中断，环状管道应用阀门分成若干独立段，每段内消火栓的数量不宜超过 5 个。管网上的消防阀门设置应在管网节点处按"n−1"原则进行（n 为管段数，如三通管处需布置的阀门数为 3−1=2 个），并以两阀门间的管道上消火栓数量不超过 5 个进行校核。若超过 5 个时，应增加消防阀门。

（4）在设计企事业单位室外消防给水管网时，应按同一时间内的火灾次数，将火点消防用水量布置在管网的最不利点进行计算。当生产、生活用水量达到最高日最大小时流量时，仍应保证消防用水流量。

（5）室外消防给水管道的最小直径不应小于 100mm。

（6）室外消防给水管道内的流速不宜大于 2.5m/s。

（7）在企事业单位内消防管网与生产管网分成两个独立的给水系统时，在不引起生产事故的前提下，低压消防管网与生产管网可用连接管连接，或在生产管网上设置消火栓，将生产管网作为消防管网的备用水源。但生产用水转为消防用水时，启闭的阀门数不应超过两个，且不应超过 5min。在设计消防给水系统时，生产管网的水源不应作为消防用水的主要水源，消防管网的流量仍应满足用水量的要求。

5.3.2.2　室内消防管网布置

消防给水管网是输送消防用水的重要设施，其安全直接关系到消防用水的可靠性。因此，在任何情况下，要保证火场用水，就要保证消防给水管网的安全。

（1）室内消防环状管网的进水管不应少于两条，并宜从建筑物的不同方向引入。若在不同方向引入有困难时，引入管宜接至竖管的两侧。若在两根竖管之间引入两条进水管时，应在两条进水管之间设置只供发生事故或检修时使用的分隔阀门，此阀门为常开阀门。当其中一条进水管发生事故或检修时，其余的进水管仍应保证全部消防流量和规定的消防水压。

（2）保证同层有两支水枪的充实水柱（即水枪射流中密实且有足够力量扑灭火灾的那段水柱）同时到达室内任何部位。只有建筑高度不高于24m且体积不大于5000m³的库房，可采用一支水枪的充实水柱到达室内任何部位。水枪的充实水柱长度应由计算确定，一般不应小于7m，但超过六层的民用建筑、超过四层的厂房和库房内，不应小于10m。

（3）合并系统中，室内消防给水管网应布置成独立的环状管网系统，不能与生活给水立管合用，以便在管网某段维修或发生故障时，仍能够保证火场用水。当建筑物内同时设有室内消火栓给水系统和自动喷水灭火系统时，室内消火栓给水管网与自动喷水管网分开设置。

（4）室内环网有水平、垂直、立体环网，可根据建筑类型、消防给水管道和消火栓布置确定，但必须保证供水干管和每条消防竖管都能做到双向供水。需要由环网引出支状管道时（如设置屋顶消火栓），支状管道上的消火栓数不宜超过一个（双出口消火栓按一个计算）。

（5）消防竖管不宜少于两条，其布置应能保证同层相邻两个消火栓的水枪的充实水柱同时达到被保护范围内的任何部分。

5.3.3　消防设施设计内容

5.3.3.1　消防供水设施

（1）市政给水管网。消防供水主要是由城市供水管网提供。老旧街区改造在规划消防供水设施时，应依据相关规范，在城市供水系统的基础上，结合城市特征合理布局。在重点的消防区加强消防供水设施的建设和管理，降低火灾风险。

（2）消防水池。消防水池是人工建造的储水设施，是重要的备用消防供水设施。当街区周围其他供水设施不足时，可选择建造一定的消防水池。

（3）其他水源。对于一些所处位置水资源比较缺乏，全年降水量较少的老旧街区，可以将满足消防给水水量和水质要求的雨水清水池、中水清水池、水景和游泳池等作为备用水源。此外，应大力发展中水利用技术，提高供水水源的利用率。

5.3.3.2　消防通道

街区主干道交通压力一般都很大，易于造成交通拥堵，使得消防救灾的"生命"通道也会受到威胁，如图5.18所示。因此在老旧街区消防设施规划中应注重消防通道的科学合理性，保障在火灾发生时就近的消防力量能够便捷到达火场，及时有效地组织救援行动，减少因火灾发生造成的重大财产损失和人员伤亡。

A　消防通道分级

依据街区规模不同，可根据实际情况，构建消防通道网络体系，完成消防通道的分级（表5.4）。

图5.18　街区消防通道

表5.4　消防通道分级

消防通道级别	特　　征
一级消防通道 （区域级消防通道）	既要满足大规模人员物资流通的需要，还要求有一定的封闭性，不容易被一般的交通流量阻断
二级消防通道 （区间消防通道）	以重要的主干道为主，应使其便捷到达消防设施、紧急避难场所、医疗卫生设施等各个区域，保证防灾救灾物资及人员流通的畅通
三级消防通道 （区内消防通道）	指消防责任区内部街区的消防通道
四级消防通道 （组团消防通道）	组团消防通道主要是指进入到各个分区内部各处的消防通道，一般依托街区内支路，生活性强，道路宽度有限

B　消防通道建设要求

消防车通道有关标准对消防车通道宽度、间距、限高、承载力以及回车场等各方面提出了要求，具体如下：

（1）消防车通道的宽度不应小于6m，转弯半径不应小于12m，道路上空遇有管架、栈桥等障碍物时，其净高不小于5m，消防道路下的管道和暗沟应能承受大型消防车的压力。

（2）沿街建筑应设连接街道和内院的通道，其间间距不大于80m。建筑之间开设的消防车道，净高与净宽均不小于5m。

（3）可作为消防通道的各级道路的建设必须满足消防通道要求，禁止对消防通道随意占用或破坏。

C　消防通道与消防站的关系

在具体消防布局规划中，应注重全局的把控，一般会把消防站布局在一级和二级消防通道旁，利于消防力量能够在接警后快速到达事故发生地点，迅速组织火灾救援行动，将火灾损失降到最小。与此同时，为避免火灾发生后人员的疏散与消防车到达火场发生冲突，造成时间浪费，可启用紧急状态专用道，进行临时交通管制，保证消防通道的畅通。

5.4　无障碍规划设计

5.4.1　无障碍设计原则与内容

5.4.1.1　无障碍设计原则

美国北卡罗来纳州立大学的教授们在1995年针对无障碍设计提出七项原则：平等的

使用方式、具通融性的使用方式、简单易懂的操作设计、迅速理解必要的资讯、人性的设计考量、有效率的轻松操作、规划合理的尺寸与空间。这些原则结合当今各个国家和地区的实际状况，形成了今天的无障碍设计原则。

（1）以人为本。由于残疾人与健全人相比在生理上存在某些方面的障碍，自身的需求与现实的环境时常产生距离，随之他们的行为与环境的联系就发生了困难。也就是说，正常人可以使用的东西，对他们来说可能成为障碍。因此，作为建筑设计者，必须树立"以人为本"的思想，设身处地地为老弱病残者着想，把无障碍设计的重点放在不应因某人由于某种形式或程度的残疾而被剥夺参与和享受建筑环境的权力，积极创造适宜的建筑空间，以提高他们在建筑空间中的自立能力。

（2）清晰的导向性和识别性。残疾人由于身心机能不健全或者衰退，或感知危险的能力差，即使感觉到了危险，有时也难以快速敏捷地避开，或者因错误的判断而产生危险。因此，空间标识性的缺乏，往往会给他们带来方位判别、预感危险上的困难，随之带来行为上的障碍和不安全。为此，设计上要充分运用视觉、听觉、触觉的手段，给予他们以重复的提示和告知，并通过空间层次和个性创造，以合理的空间序列、形象的特征塑造、鲜明的标识示意以及悦耳的音响提示等，来提高建筑空间的导向性和识别性。

5.4.1.2 无障碍设计内容

（1）主干道路。实施无障碍的范围是人行道、过街天桥与过街地道、桥梁、隧道、立体交叉的人行道、人行道口等。设有路缘石（马路牙子）的人行道，在各种路口应设缘石坡道；城市中心区、政府机关地段、商业街及交通建筑等重点地段应设盲道，公交候车站地段应设提示盲道；城市中心区、商业区、居住区及主要公共建筑设置的人行天桥和人行地道应设符合轮椅通行的轮椅坡道或电梯，坡道和台阶的两侧应设扶手，上口和下口及桥下防护区应设提示盲道；桥梁、隧道入口的人行道应设缘石坡道，桥梁、隧道的人行道应设盲道；立体交叉的人行道口应设缘石坡道，立体交叉的人行道应设盲道。

（2）居住区。实施无障碍的范围主要是道路、绿地等。无障碍要求是，设有路缘石的人行道，在各路口应设缘石坡道；主要公共服务设施地段的人行道应设盲道，公交候车站应设提示盲道；公园、小游园及儿童活动场的通路应符合轮椅通行要求，公园、小游园及儿童活动场通路的入口应设提示盲道。

（3）房屋建筑。实施无障碍的范围是办公、科研、商业、服务、文化、纪念、观演、体育、交通、医疗、学校、园林、居住建筑等。无障碍要求是建筑入口、走道、平台、门、门厅、楼梯、电梯、公共厕所、浴室、电话、客房、住房、标志、盲道、轮椅席等应依据建筑性能配有相关无障碍设施。

5.4.2 停车场无障碍设计

5.4.2.1 无障碍停车位

通常建筑附属的停车场分地上露天式停车场和地下停车场，两类停车场内设置的无障碍停车位到达建筑内部或建筑入口的途径是不同的。但相同的是，无障碍停车位都应设置在停车场内距离建筑入口或电梯最近的区域，如图5.19所示。

(a)　　　　　　　　　　　　　　　(b)

图 5.19　地上露天停车场与地下停车场设置无障碍停车位示例
(a) 地上无障碍停车位；(b) 地下无障碍停车位

设置无障碍停车位对于乘轮椅者、行动有困难的人群是非常有利的，因为这类群体在上下车时需要更大的空间，他们的行动力较弱，因此无障碍停车位应尽量放在方便他们到达建筑的位置。

5.4.2.2　无障碍停车位标识

应在停车场入口设置无障碍标识，标识内容包括停车场内是否有无障碍停车位及无障碍停车位所在位置；在无障碍停车位周围醒目处也应设置无障碍停车位标识，用来提醒所在位置，如图 5.20 所示。

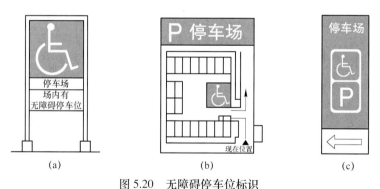

(a)　　　　　　　　　　　　(b)　　　　　　　　　　　(c)

图 5.20　无障碍停车位标识
(a) 无障碍停车场标识；(b) 无障碍停车位所在位置标识；(c) 方向指示标识

5.4.3　步行系统无障碍设计

5.4.3.1　平面交通无障碍设施

A　盲道

盲道作为无障碍设施规划建设的必建项目，是道路无障碍步道体系的重要组成部分，是一个街区无障碍设施是否健全的标识。《无障碍设计规范》（GB 50763—2012）规定，盲道设施存在于:(1)城市道路、广场、步行街、商业街、桥梁、隧道、机关政府单位门前、立体交叉及主要建筑物的人行道上;(2)过街设施,如人行天桥、人行地道、人行横道及公交车站。盲道的设置不但可以引导视力不便者行走和到达目的地,还可以保护他们免于受到正常行人的干扰和影响,更安全地参与到社会生活中。图5.21所示为人行道盲道。

B　路缘石

因为人行道与机动车道有高差,会给行人尤其是有障碍者造成一定的通行困难,设置路缘石可以保证行动障碍者的通行,并且不对正常行走造成二次阻碍。《无障碍设计规范》规定:凡是道路被立缘石阻断开的地方都必须设置路缘石,且不完善的道路仍然是有障碍的道路。路缘石应在人行道路交叉口、单位出口、广场出入口、人行横道及桥梁、隧道、立体交叉道路的提示路口处设置。尤其是在政府办公建筑的出入口、街巷口和庭院路出口的两侧人行道,路缘石的设计能够为人们无障碍行走提供很多方便,如图5.22所示。

图5.21　人行道盲道

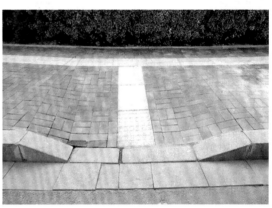

图5.22　路缘石

C　坡道

坡道设施一般指轮椅坡道,主要是在城市中心区、商业区、居住区等的公共建筑出入口设置的轮椅坡道以及人行天桥与人行地道的上下通道。坡道的设计主要是为了方便乘轮椅者通行,且适宜拄着拐杖的老年人和伤病人通行,以及手持重物攀爬楼梯不便或者推着婴儿车及其他无法攀爬楼梯的暂时性障碍者使用,坡道的两侧设扶手,利于抓握(图5.23)。坡道应不能被阻隔、破坏、遮挡,普通市民应对坡道设施有基本的了解,积极做到保护坡道设施。

图5.23　坡道

5.4.3.2 垂直交通无障碍设施

A 升降平台

升降平台设置在建筑出入口、人行天桥和人行地道通行处、楼梯、手动扶梯处等上下空间有高差的位置，起到帮助有障碍者上下楼梯的作用，如图 5.24 所示，应符合有障碍者的乘坐需求。

B 电梯

没有条件做坡道的人行天桥和地道、建筑物内外有垂直高差时应配备电梯，且必须设置无障碍电梯，并满足《无障碍设计规范》中的要求。有障碍者对电梯的使用有很多特殊的要求。当电梯只有人、货两用时，货梯应对老年人、残疾人、伤病人提供服务，如图 5.25 所示。

图 5.24　升降平台　　　　　　　　　图 5.25　无障碍垂直电梯

5.4.3.3 步行系统无障碍标识设施

A 无导向环境

通常把人们活动的自然环境、建筑的内部和外部环境中无明确的导向标志的场所称为无导向环境。无导向环境的存在正是无障碍标识产生的原因，对无导向环境的指示、引导尤为重要，不仅是运用标志，还要运用视觉、听觉、触觉来告诉环境参与者，让无导向的环境变得有秩序可循。

B 无障碍标识

标识普遍存在于街道和公共建筑的每个角落中，如无障碍行车和停车位置、建筑出入口、电梯、厕所位置、轮椅通道、房间和指向其他设有无障碍设施的位置。正确的指示能够减少障碍的产生，使人们最大范围地感知到所处空间环境的情况，从心理上得到一定的安抚。

目前国际通用的轮椅标志牌，是无障碍标识的代表性指示牌，不得随意改动。1960 年，国际康复协会在都柏林召开国际康复大会，并表决通过了轮椅标志牌。"目的是为了帮助残疾人在视觉上确认与其有关的环境特性和引导其行动的符号"。是全世界一致公认的标志。国际无障碍轮椅标志的悬挂一是起到警示大众此处为无障碍设施所在地的作用，二是起到引导有需要无障碍设施的人群及时安全地到达目的地的作用。

目前，中国标准化研究院制定的《标志用公共信息图形符号第 9 部分：无障碍设施符号》（GB/T 10001.9）已于 2009 年正式实施。该标准规定了各种障碍者、能力受限者、行动不便者等 15 个供弱势群体人群及其他有特殊需求的人群使用的标志。

5.5 公共卫生规划设计

5.5.1 公共卫生规划设计内容

公共卫生规划设计主要是针对公共卫生设施的规划，而公共卫生卫生设施是指具有从整体上改善城市环境卫生、限制或消除生活废弃物危害功能的设备、容器、构筑物、建筑物及场地等的统称。公共卫生设施规划设计必须从整体上满足城市生活垃圾收集、运输、处理等功能，贯彻生活垃圾处理无害化、减量化和资源化原则，实现生活垃圾的分类收集、分类运输、分类处理和分类处置。

《城市环境卫生设施规划规范》（GB 50337—2003）将环卫设施分为环卫公共设施、环卫工程设施和其他环卫设施3大类。环卫公共设施包括公共厕所、废物箱、垃圾收集点等，如图5.26～图5.28所示。环卫工程设施包括垃圾转运站、水上环境卫生工程设施、生活垃圾无害化处理场、生活垃圾堆肥厂、生活垃圾焚烧厂等；其他环卫设施包括进城车辆清洗站、环境卫生车辆停车场等。而对于老旧街区来说，涉及的区域范围较小，公共卫生的规划设计主要是针对街区公共厕所、垃圾箱、垃圾收集点等的规划布置。

图 5.26 老旧街区公共厕所

图 5.27 废物箱

图 5.28 垃圾收集点

5.5.2 环卫工程规划设计

5.5.2.1 街区垃圾分类

街区垃圾分为可回收物、厨余垃圾、有害垃圾和其他垃圾四类，见表5.5。

表 5.5　街区垃圾分类及收集

垃圾分类	垃圾 种 类	收集容器
可回收物	指在日常生活中或者为日常生活提供服务的活动中产生的，已经失去原有全部或者部分使用价值，回收后经过再加工可以成为生产原料或者经过整理可以再利用的物品，包括废纸类、塑料类、金属类、玻璃类。 　（1）废纸类。报纸、杂志、书籍、宣传单、信封、食品及物品等包装纸盒、购物纸袋、蛋盒、饮料及牛奶等纸包装、方便面盒、一次性纸杯、一次性纸餐具、复印纸、传真纸、便条、日历、笔记本、纸箱、广告纸等。 　（2）塑料类。塑料袋、塑料餐具（便当盒、碗、勺）、塑料生鲜食品盒、保鲜袋、塑料薄膜、塑料盒、塑料食用油、塑料盆桶等容器、塑料日用品（塑料杯等）、塑料凳椅、塑料文具、料玩具、有机玻璃制品、光盘磁带、过塑膜、保护膜、牙刷、牙膏皮、泡沫塑料、塑料矿泉水瓶、拆除金属部分的转笔刀等。 　（3）金属类。易拉罐、罐头盒、衣架、文具、玩具、餐具，用具，家具等金属生活用品用具。 　（4）玻璃类。玻璃瓶、玻璃杯、玻璃桌面、玻璃茶几、玻璃窗、灯泡、酒瓶、玻璃牛奶瓶和玻璃调味瓶等有色、无色玻璃制品	
厨余垃圾	指家庭产生的有机易腐垃圾，具有含水量高、易被生物降解、产生臭味、产生渗沥液等特点。 　包括食品交易、制作过程废弃的和剩余的食物，如米饭、面食、过期食品、肉类、鱼虾类（可含壳）、西餐糕点、螃蟹壳、贝壳、骨头、蔬菜、瓜果、皮核、蔗渣、茶叶渣、榴莲壳、椰子壳以及家庭盆栽废弃的树枝（叶）、残花等	
有害垃圾	指对人体健康或自然环境造成直接或潜在危害的物质。具有易燃性、腐蚀性、爆炸性以及传染性等特点。 　包括家庭日常生活中产生的废药品及其包装物、废杀虫剂和消毒剂及其包装物、废油漆和溶剂及其包装物、废矿物油（废化妆品等）及其包装物、废胶片及废相纸、废油墨盒，硒鼓、废涂改液、废荧光灯管、废温度计、用剩的香水、废血压计、废充电电池、废纽扣电池等镍镉电池和氧化汞电池以及其他电子类危险废物等	
其他垃圾	指除可回收物、餐厨垃圾、有害垃圾以外的其他生活垃圾。 　包括受污染与无法再生的纸张，废弃的卫生纸、厨巾纸、餐巾纸、湿巾纸、照片、复写纸、压敏纸、收据用纸、明信片、相册、烟盒等	

5.5.2.2　街区垃圾处理

A　街区垃圾处理原则

传统经济是由"资源—产品—污染排放"构成的物质单向流动的经济模式，而循环经济是与环境和谐发展的经济模式。它要求把经济活动按照自然生态系统的模式组织成一个"资源—产品—再生资源"的物质反复循环流动的过程，使整个经济系统以及生产和消费的过程基本不产生或者只产生很少的废弃物，从而消解长期以来环境与发展之间的尖锐冲突。"减量化、再利用、资源化"是运用循环经济理论处理街区垃圾的重要原则。城市未来经济发展将成为"资源—产品—回收—再利用"物质循环流动的过程。居民的废弃物将高效回收、循环利用，生活垃圾等有机废弃物也将转化为生物燃气和有机肥料，成为城市经济发展的宝贵资源。

（1）减量化原则。城市生活垃圾的源头减量化，要在经济活动的源头注意节约资源和减少污染，从生产和消费过程中预防与控制废弃物的产生。

（2）再利用原则。垃圾分类收集是使废物变成再生资源、再循环利用的关键环节，同时也可减少垃圾运输、垃圾处理处置的工作量，减少垃圾对环境的污染，为垃圾的后续处理提供良好的条件。

（3）资源化原则。根据垃圾的组成特点选择堆肥、焚烧和填埋相结合的处理方法进行资源利用。例如利用可燃垃圾进行发电，回收热能；垃圾灰渣作为路基、堤坝、建筑材料及沥青细骨料等有用资源。

B 街区垃圾处理方法

不同地域、不同城市生活垃圾处理水平存在较大差异。我国生活垃圾处理水平发展不平衡，在空间地域上存在很大差异。东部地区由于经济发展水平高、投入力度大、生活垃圾处理设施数量相对较多，处理率较高。而经济欠发达地区，受财力限制，生活垃圾处理设施数量相对较少，生活垃圾处理水平较低，对于老街区来说，应根据当地具体的情况选择合适的垃圾处理方法。

a 卫生填埋处理

卫生填埋又称卫生土地填埋，是利用工程手段，采取有效技术措施，防止渗液及有害气体对水体和大气的污染，并将垃圾压实减容至最小，且在每天操作结束或每隔一定时间用土覆盖，使整个过程对公共卫生安全及环境污染均无危害的一种处理垃圾的方法。缺点是垃圾减容效果差，需占用大量土地；且产生的渗沥水易造成水体和环境污染，产生的沼气易爆炸或燃烧，所以选址受到地理和水文地质条件限制。

卫生填埋是垃圾处理必不可少的最终处理手段，也是现阶段我国垃圾处理的主要方式。卫生填埋场的规划、设计、建设、运行和管理应严格按照《城市生活垃圾卫生填埋技术标准》《生活垃圾填埋污染控制标准》和《生活垃圾填埋场环境监测技术标准》等要求执行。

b 堆肥化处理

堆肥处理（生化处理）是利用自然界广泛存在的细菌、放线菌、真菌等微生物，有控制地促进固体废物中的有机物质转化为稳定的腐殖质的生物化学过程，这一过程可以消灭垃圾中的病菌的寄生虫卵。堆肥化是一种无害化和资源化的过程。

根据微生物生长的环境可将堆肥化分为好氧堆肥化和厌氧堆肥化两种。根据垃圾在发酵过程中所处的状态可将其分为两类：发酵过程中垃圾得到混合并能够连续进出料称为动态堆肥，发酵过程中垃圾处于堆放状态称为静态堆肥。

垃圾堆肥适用于可生物降解的有机物含量大于40%的垃圾，堆肥化的优点是投资较低、无害化程度较高、产品可以用作肥料；缺点是占地较大、卫生条件差、运行费用较高，在堆肥前需要分选掉不能分解的物质。因此鼓励在垃圾分类收集的基础上进行堆肥处理。堆肥过程中产生的残余物可进行焚烧处理或卫生填埋处置。

c　焚烧处理

焚烧处理也称焚化,是一种高温热处理技术,即以一定量的过剩空气与被处理的有机废物在焚烧炉内进行氧化燃烧反应,垃圾中的有毒有害物质在高温下氧化、热解而被破坏,减量化效果好、消毒彻底、无害化程度高,是一种可同时实现垃圾减量化、资源化、无害化的处理技术。

d　热解处理

在缺氧的情况下,固体废弃有机物受热分解,转化为液体燃料或气体燃料,残留少量惰性固体。热解减容量达60%~80%,污染少并能充分回收资源,适于城市生活垃圾、污泥、工业废物、人畜粪便等。但其处理量小、投资运行费用高,工程应用尚处在起步阶段。从发展的角度看,热解是一种有前途的固体废物处理方式。

e　危险废物的处理处置

危险废物处理是通过改变其物理、化学性质,减少或消除危险废物对环境的有害影响。常用的方式有减少体积、有害成分固化、化学处理、焚烧去毒、生物处理等。我国要求对城市医院垃圾集中焚烧。

5.5.3　公共卫生设施布置

5.5.3.1　公共厕所规划设计

公共厕所(图5.29)是现代化生活的重要基础设施,要因地制宜,结合街区总体规划要求和国家有关标准规定进行设置。规划区内公共厕所建设应形成布局科学合理、等级达标适应、管理有效高效、运营节约环保的格局,在满足使用者心理需求和生理需求的同时,保障良好居住环境的建设。

图5.29　公共厕所

公共厕所规划应遵循以下原则:公厕规划以提高标准、优化布局、调整比例为主,改善公共厕所设施条件,为人们提供清洁、卫生、美好用厕环境;充分建立起以固定公厕为主导的,沿街公共建筑内厕所对外开放的整体规划格局,从而形成规划合理、数量足够、设施完备、环境和谐发展的城市公共厕所服务体系,来有效地实现公共厕所的免费使用,并提高使用效率,促进使用方式的合理化,更好地为广大群众提供服务。

　　根据不同功能区特点制订相应的设置指标，优先在繁华商业中心、居民小区、车站、广场、街道旁等合理布置公共厕所；公共厕所尽量选择在绿化带、公建设施用地上建设；公厕设置可采用"独立式"与"附建式"相结合的形式；公厕设置应以人为本，优化男女厕位比例以及考虑特殊人群的需求，各类绿地、广场用地应配套设置公共厕所，建议采用附建形式。

5.5.3.2　公共垃圾箱规划设计

A　设置数量

　　根据《环境卫生设施设置标准》（CJJ 27—2012）的要求，道路两侧或者路口以及各类交通客运设施、公共设施、广场、社会停车场的出入口附近应设垃圾箱（表5.6）。

　　随着规划区建设的推进，应按规划设置要求落实新建道路的废物箱配置，建议在道路建设过程中统一按《环境卫生设施设置标准》（CJJ 27—2012）进行配置，与道路同时交付使用。在日常管理中，逐年检查已有废物箱的设置情况，按期更新。

表5.6　垃圾箱设置间距控制

序号	道 路 类 型	设置间距 / m
1	商业、金融业街道（步行街等）	50~100
2	主干路、次干路、有辅道的快速路	100~200
3	支路、有人行道的快速路	200~400
4	广场	300~1000

B　设置要求

　　（1）材料环保。废物箱的制作材料有很多种，有不锈钢的、铝合金的、陶瓷的、混凝土的、塑料的，等等，应当根据实际情况进行选择。废物箱应美观协调，也就是说，废物箱本身应该具有美观的特征，同时还要干净耐用，并且能够起到防潮、防燃的作用，能够与周边的环境实现有效融合，与周边的建筑环境以及一些周边的民俗风土人情相适应。

　　（2）分类收集。为了能更好地配合垃圾收运工人提升工作效率，应该对各个废物收集箱进行回收垃圾方面的种类的标识提示建设，使得能够通过这种标识来更好地促进垃圾分类。废物箱的设置还应该尽量考虑防盗功能，以适应社会转型发展期的要求。

6　老旧街区空间重构安全规划

6.1　地下空间升级改造

在多数老旧街区的改造中，最突出的矛盾是原有空间容量不足，若在地面上扩大空间容量，会因保护传统风貌而使建筑高度和容积率受到限制。适当进行地下空间开发，可有效弥补地面空间的不足。老旧街区地下空间主要是地下人防工程，通常是指为防备敌人战时空中袭击而修建的地下防护工程。通过对老旧街区地下人防工程的升级改造可以对现有老旧街区功能和各类地面文物建筑的使用功能起到补充和调配作用，使总体功能更趋于综合和完善，地下空间功能包括交通、商业、市政、防空、防灾和仓储等。

6.1.1　地下空间改造原则与内容

6.1.1.1　改造原则

老旧街区地下人防工程的改造从老旧街区保护的角度来看，是对老旧街区保护规划的补充完善；从城市建设的角度来看，老旧街区地下人防工程空间的改造又能自成系统，有其自身的特殊性，因此，老旧街区地下人防工程空间的改造应遵循的原则既要与老旧街区保护规划相呼应，又要体现其自身的特殊性，如图6.1所示。

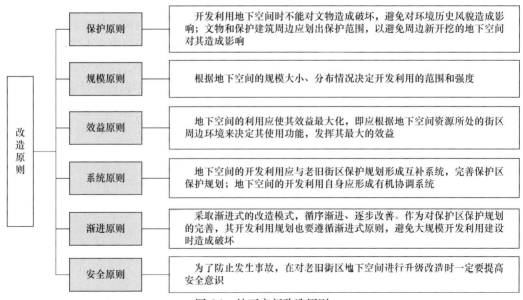

图 6.1　地下空间改造原则

6.1.1.2 改造内容

（1）地下空间出入口。地下空间与地上空间的结合主要是通过出入口部空间完成，地下出入口主要功能是引导人流进出、消防疏散、通风排污等。地下空间出入口的设置是否可以合理、安全、便捷、高效地组织人流进出是决定地下空间出入口设计以及地下空间功能设计成败的关键。地下空间出入口是地面景观的一部分，同时也会影响地下空间内部环境的效果。老旧街区地下空间出入口改造时，其设计不仅应满足地下空间的功能要求，还需要与老旧街区的地上建筑风貌相协调，如图 6.2 所示。

（2）地下空间布局与交通流线。地下空间的布局方式和交通流线的设计十分重要，合理的布局和流线可以正确引导人们进行活动或逃生。地下空间的布局和流线相当于地面空间向下延伸的部分，所以地面空间的布局特色应在地下空间有所体现，如将地面空间的中庭延伸到地下空间内，这不但可以增强地下空间的方位感和归属感，同时还有利于创造一个舒适的、充满活力的地下空间（图 6.2）。

(a) (b)

图 6.2 某街区地下空间入口改造
(a) 入口（一）；(b) 入口（二）

（3）地下空间功能。在进行地下建筑开发建设时，为了减少地下空间资源浪费，提高建筑使用效率，其功能会按照相应的比例来进行划分和布置。在功能设置上应结合现状加入与文化、民俗、旅游相关的功能，而且地下空间中应注意解决停车问题。地下空间作为地上建筑主体功能的补充，其应与地面建筑的功能相互协调发展。例如南昌樟脑玩街区内的建筑功能主要是商业和餐饮功能，所以地下空间的设计规划上应与其地上建筑的功能相协调，作为更新改造的手段，使得老旧街区的品质更好，如图 6.3 所示。

（4）地面交通组织重塑。对老旧街区进行地下空间改造时，也要对地下空间出入口的地面道路组织、景观进行重塑。笔者在调研中发现，交通拥堵、人车混杂、机动车和非机动车辆乱停放、停车设施严重不足等问题严重阻碍了老旧街区地下空间改造利用的进一步发展。例如将老旧街区地下空间改造为地下商业街时，调研访谈中老旧街区居民对街区附近印象普遍是车多、人多、没地方停车，地面步行环境较差，相应减少了在地下商业街中逗留的时间，抑制消费者进一步消费的可能。因此，梳理地面道路交通组织、优化地面交通环境和步行空间成为老旧街区地下空间改造为地下商业街模式进一步发展的重点和关键（图 6.3）。

(a)   (b)

图 6.3　某街区地下空间功能重构与地面交通组织重塑

(a) 街景（一）；(b) 街景（二）

6.1.2　地下空间改造依据

根据国外现有的各类保护区地下空间开发利用的经验以及各地老旧街区的情况和经济发展，老旧街区地下人防工程地下空间改造依据可总结为以下四点：

（1）地下人防工程深度。地下人防工程深度可分为两个层次：1）浅层区。地面以下0~10m，其功能以居住、零售、娱乐、停车和行人交通为主，但是其开发范围受地上环境和已有的地下市政设施影响较大；2）深层区。地面以下 10~30m，因具有较强的独立性、封闭性，几乎不受地面环境和已有地下市政设施的影响，因此可以进行大规模的成片、成系统的开发，其功能以地铁交通、大规模商业娱乐为主。

（2）建筑工程技术及安全。浅层地下空间开发时，根据建筑工程地基及基础工程的要求，为了避免对已有建筑的稳定性、安全性造成影响，应离开原有建筑基础一段距离再进行开挖，这段距离应超出已有建筑地基持力层的水平范围，虽然采用合理工程技术也可以使地下空间紧邻现有建筑开挖建设，但在施工和使用过程中仍会给已有建筑带来较大的危险。深层地下空间开发时，对地下空间的深度也有工程方面的要求，即开挖的深度应足够深，保证相应的地上建筑的持力层不被破坏。

（3）老旧街区内各类建筑现状。老旧街区建筑按其保护更新方式来划分，各类建筑可分为：文物类建筑、保护类建筑、改善类建筑、保留类建筑、更新类建筑、沿街装饰类建筑，其中后三类建筑由于可以对其进行全面的改造，因此它们的建筑用地可作为浅层地下空间开发的潜在资源。

（4）老旧街区的功能类型。根据对老旧街区的实地调研，可大致将老旧街区的功能类型划分为三类，即以商业功能为主的老旧街区、以居住功能为主的老旧街区和混合功能的老旧街区。

1）以居住功能为主的老旧街区，由于居住空间对采光、通风等方面的要求，其地下空间的开发利用应以浅层开发为主，并且开发区域应与地上居住空间相对应。此类地下空间开发时，一方面其开发区域应对文物类建筑、保护类建筑和改善类建筑进行退让，以保证上述建筑的安全；另一方面，地下空间的开发应最大限度维持、恢复原有街区景观面貌，应本着外观上恢复其历史原貌，内部空间及功能上进行适应现代化生活需要的改造的原则进行，所需的新增建筑面积应最大可能地向地下空间寻求。

2）以商业功能为主的老旧街区，其地下空间的开发利用应以商业及商业配套功能为主。由于商业空间有规模上的要求，因此在以商业功能为主的保护区中，地下空间的开发原则上应以深层地下空间开发为主，这一层次的地下空间开发对地上建筑的影响可以忽略不计，可以进行较大规模的成片开发，有利于商业功能的开发建设。此类地下空间的开发，借鉴其他国家类似区域地下空间的开发经验，基本上可以不考虑地上建筑类型的分布情况，其地下空间的开发区域的确定应根据有利于商业开发的原则进行。

3）混合功能的保护区，应根据保护区的具体情况，测算出各种功能所需的开发面积，规划各功能在保护区中的合理分布，按照居住空间以浅层开发为主，商业空间以深层开发为主的原则进行。

6.1.3　地下空间改造方式

6.1.3.1　地下商业综合体

随着城市化的高速发展，老旧城区地下人防工程在城市未来的发展中成为城市不可分割的有机体，在综合考虑地下工程平时效益和战备效益的基础上，通过开发地下商业可以弥补老旧城区生活配套上的不足，对完善整个城市功能、构建和谐社会都起到很大作用。现在一些大中城市都将地段较好的地下工程改作商业用途，形成地下商场、地下步行街，有些还结合交通、办公、娱乐等功能组成地下商业综合体，如图6.4所示。

(a)	(b)

图6.4　西安钟楼地下广场与世纪金花地下商业综合体
(a) 外景（一）；(b) 外景（二）

6.1.3.2　地下停车

随着城市的发展，出现了老旧街区用地紧张、停车难等一系列问题，城市静态交通由于私家车的增多日益恶化，在地面兴建停车场解决停车问题的同时却造成了对城市中心区土地的巨大浪费。实践表明，在地面上修建多层停车库从安全、环境和景观角度看都是不利的，我国上海、长沙等地对多层停车库的探索，效果并不明显，因此，修建地下停车库成为老旧街区地下空间升级改造的最佳选择，如图6.5所示。这样一来可以缓解城市用地紧张的局面，二来可以在战时掩蔽人员、物资等。地下人防工程改造升级为地下车库时，除停车外，不应增加其他功能，而是从经济效益和社会效益的角度考虑布置综合化问题。近年来，由于城市发展的需要，我国一些大中城市都建有许多现代化水平高的地下停车库，这些车库不仅与交通枢纽、工作场所、业务活动、商业街购物、文化娱乐设施保持联系，同时还具有完善的防护体系，可为战时提供可靠的保障。

(a)　　　　　　　　　　　　　　　(b)

图 6.5　老旧街区地下空间改造为地下停车场

(a) 停车场（一）；(b) 停车场（二）

6.1.3.3　改善基础设施条件

在老旧街区中，利用局部的支线共同沟系统，可以极大改善城市基础设施供给，提高设施服务水平，保证城市各项功能设施的高效运行。将一些城市的市政设施如垃圾转运站、变电站等转入地下，扩大地面空间容量，在地面增加休息场所，降低地面建筑使用强度，改善老旧街区整体环境质量（图 6.6），有助于达到保护老旧街区风貌的目的。

(a)　　　　　　　　　　　　　　　(b)

图 6.6　老旧街区地面环境质量的改善

(a) 街区地面（一）；(b) 街区地面（二）

6.2　特种构筑物再生重构

6.2.1　特种构筑物再生原则与内容

6.2.1.1　再生原则

在特种构筑物再生重构中，成功的设计必定是建立在研究和了解原构筑物的基本状况，探寻其空间布置的逻辑关系，挖掘其蕴涵的文化特色的基础上的。具体来讲，必须把握四个原则，如图6.7所示。

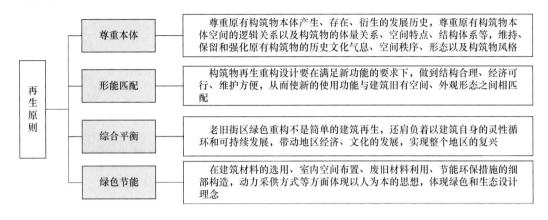

图 6.7 特种构筑物再生原则释义

6.2.1.2 改造内容

老旧街区特种构筑物大致可分为烟囱、冷却塔、水塔、筒仓、电塔、牌坊、大型雕塑等（图6.8、图6.9），对其改造要从造型重构、性能更新、结构加固等方面展开。

A 构筑物造型重构

构筑物造型重构，包括构筑物单体的外立面重构和内部空间重构，直接影响构筑物单体的美观性和实用性。对构筑物进行重构时，对其外部处理方式主要采用维护构筑物原貌、新老建筑共生、全面更新三种形式。笔者通过对各地老旧街区调研得知，构筑物造型重构主要以维持构筑物原貌或部分更新为主。其动因来自两个方面：一是可以降低重构成本；二是维护构筑物原有风貌从最大程度保护构筑物历史文化价值。对构筑物内部空间进行重构时，要注意重构后构筑物的使用功能应与构筑物造型相协调，最大限度发挥构筑物重构后的实用性。

B 构筑物性能更新

对构筑物进行性能更新，从而赋予构筑物新的功能使其焕发出新的生机和活力，是老旧街区绿色重构过程中的难点，同时构筑物的性能更新与老旧街区绿色重构效益密切相关。一方面，对构筑物进行性能更新能为老旧街区居民营造和谐的生活环境，改善街区的软环境；另一方面，在对构筑物进行性能更新的过程中，也需要对街区公共服务基础设施建设进行关注，提高街区绿色重构后的社会效益。因此，构筑物性能更新的主要方向是满足街区的公共利益，挖掘构筑物的隐性价值并发挥其最大的实用价值。

C 构筑物结构加固

对于以保护为主的构筑物，由于年代久远、建造材料技术相对落后，或因历史原因保护不当等因素的影响，构筑物本身结构性能存在一定的安全隐患，需要修缮加固。对于以再生利用为主的构筑物，由于性能更新后使用要求而发生了变化，会对原构筑物结构力学体系产生影响，需要对其进行结构鉴定并采取适当的加固措施，满足构筑物性能更新后的使用安全。

图 6.8 烟囱

图 6.9 水塔

6.2.2 特种构筑物再生依据

6.2.2.1 文化价值

文化的价值并不是仅仅孤立地存在于其所在的老旧街区，它对于与整个老旧街区相关的所有人物、古迹，甚至衍生至今的庙会习俗都有潜在的联系。如若毁坏一座有价值的历史遗留老旧街区，就如同切断了整个城市的历史片段。相反来说，制定合理计划对历史遗留老旧街区进行有利维护，并适当更新，对于城市的文化、发展与延续都起着积极的作用和影响（图 6.10）。老旧街区的文化价值体现在两个方面：一方面体现在老旧街区的有形空间实体上；另一方面，反映了老城区的"非物质文化"。例如，老旧街区包含各种文化内容，如人们的生活方式、城市商业文化、生活文化和信仰文化，这些文化反映了人们的风俗习惯和价值观念。"有形文化"与"非物质文化"的结合构成了老旧街区的文化价值。特别是在当前经济全球化浪潮中，城市的文化区域特征和文化传统不断受到挑战和冲击，老城区的文化价值更加突出。保护老旧街区是为了保护城市的文化遗产和市民的集体记忆，因此得到越来越多的人的认可和支持。

6.2.2.2 民族文化观念

不同城市的老旧街区都可能承载着自己独有的民族文化。我国有 56 个民族，每个民族都有自己的民族特色，除了饮食习惯、民族服饰、传统方言不尽相同，不同的民族聚集地也有不同的老旧街区特色。老城区是各民族千百年文化的物质载体，这些特色往往从道路格局、建筑特色、景观形式上体现出来。

呼和浩特市南北大街是一条穿越老城区（旧城玉泉区、伊斯兰民族文化区）、回族聚居区及新城区三个不同城区的大街，其联系着大召寺、清真寺、公主府等具有历史文化价值和民族文化特色的建筑物（图 6.11）。

6.2.2.3 历史文化因素

了解一个城市的历史，一般会选择一些最具历史代表意义的城市片区，这些片区的存在，是对城市历史文化的一种沉淀和延续，对其保护性改造的意义远大于推倒重建。老旧

图 6.10　贤石湖老旧街区

图 6.11　呼和浩特市南北大街清真寺

街区是城市发展历程上厚重浓烈的一笔，是城市发展建设历程的一本厚厚的史册，老旧街区特种构筑物常常保留其中最真实的信息，实现其文化内涵的延续，是对前辈的尊重，对往事的追忆。对后代的教育，是一笔无比宝贵的物质和精神财富。

紫禁城的整个建筑体系很壮观，反映了皇城的威严（图 6.12）。皇城整个建筑制式都是一个体系，与它相匹配的建筑制式被完全拆除，只剩下一座紫禁城，则不能反映皇城的文化并从中感受其文化积淀的浑厚。

6.2.2.4　人文文化因素

老旧街区是人类生活的载体，承载着居住、商业、生活等，是一种具有使用价值的物质财富。与此同时，旧街也反映了城市的历史、思想和社会变迁。通过旧城的特种构筑物风格和文化内涵，人们可了解一个历史时期的城市面貌，加深对城市的认识，利于弘扬传统文化，彰显城市的魅力。老旧街区中的古牌坊、废弃的水塔、历史遗留下的雕塑和历史遗迹都具有深刻的城市历史文化内涵（图 6.13），它形成了城市中独特的景观，构成了人们的生活结构，是城市文化的物质秩序或物质文化层。

图 6.12　紫禁城建筑体系

图 6.13　老旧街区历史遗迹

6.2.3　特种构筑物再生方式

6.2.3.1　老旧街区筒仓造型重构

筒仓的平面形状有正方形、矩形、多边形和圆形等。圆形筒仓的仓壁受力合理、用料经济，所以应用最广。当储存的物料品种单一或储量较小时，用独立仓或单列布置；当储存的物料品种较多或储量大时，则布置成群仓。筒仓之间的空间称星仓，亦可供利用。在老旧街区绿色重构过程中，可对失去原用途的筒仓进行造型重构并加以再利用，以适应老旧街区的重构。八万吨筒仓作为上海城市空间艺术季的主展馆便是对老旧街区筒仓进行的一次空间再利用的积极尝试，以艺术展览为主要功能的城市公共文化空间是为八万吨筒仓所寻找的非常适合的功能，能最大程度地符合现有筒仓建筑相对封闭的空间状态。艺术季主展馆主要使用筒仓建筑的底层和顶层，由于筒仓建筑高达 48m，所以将底层和最顶层的空间整合为同时使用的展览空间，并组织好顺畅的展览流线处理好必要的消防疏散等设施。展览流线组织的最重要的一个改造是通过外挂一组自动扶梯，将三层的人流直接引至顶层展厅。这样人们在参展的同时也能欣赏到北侧黄浦江以及整个民生码头的壮丽景观，除了悬浮在筒仓外的外挂扶梯（图 6.14），筒仓本身几乎不做任何改动，极大地保留了筒仓的原本风貌，同时又能使人看到重新利用所注入的新能量。

 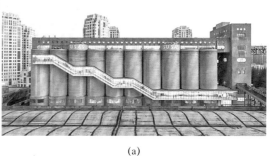

(a)   (a)

图 6.14　造型重构后的上海八万吨筒仓

(a) 内景；(b) 外景

6.2.3.2　老旧街区烟囱性能更新

由于历史规划原因，且随着城市的扩张，导致一些城市工业区与居民街区混杂。曾经烟囱的高度和数量是一座城市工业化和现代化发展的象征。例如在新中国成立前，我国的工业发展水平较低，北京城内存在的高耸烟囱数量极少。新中国成立后，我国加大了工业化发展，北京由一座消费城市变为工业城市，在"一五"期间，北京城内大量的烟囱拔地而起。高大的烟囱成为了北京的一道城市风景，也彰显了重工业占主导的工业化的城市发展。但随着我国制造业的转型升级，尤其是科技时代的到来，"烟囱时代"一去不复返，高耸的烟囱则成为工业时代的地标并逐渐成为人们记忆的一部分。在老旧街区绿色重构过程中，保留烟囱并对其进行性能更新不仅能展现老旧街区的历史进程，而且能够改善老旧街区的基础设施。例如上海黄浦江街区通过光电形式的设计手法，将原发电厂烟囱改造成为竖立在街区内的一座巨大"温度计"，使老旧街区焕然一新；沈阳八卦街街区通过加固改造使较小的烟囱成为室内室外空气交换的通道等，如图 6.15 所示。

6.2.3.3　老旧街区牌坊结构加固

城市发展是一个持续的过程，老旧街区的历史性区域诠释了一定时期内城市历史的发

(a)   (b)

图 6.15　性能更新后的烟囱

(a) 烟囱（一）；(b) 烟囱（二）

展。人们可以从历史遗留下来的特种构筑物多方面了解过去，了解老旧街区的个性。老旧街区蕴含着大量艺术化的构筑物和场所，它们不仅具有很高的审美价值，而且还反映了特定历史时期的文化和艺术手法，体现了艺术发展的历史轨迹。例如在北京的大栅栏街区、南京夫子庙街区遗留下来的具有中华特色的特种构筑物——牌坊，如图 6.16 所示。牌坊又名牌楼，为门洞式纪念性建筑物，是封建社会为表彰功勋、科第、德政以及忠孝节义所立的建筑物。也有一些宫观寺庙以牌坊作为山门的，还有的是用来标明地名的。宣扬封建礼教，标榜功德。此时，特种构筑物的使用价值不再是最重要的因素，牌坊及周边整体环境展示了一定时期城市的历史特征，构成一定的文化氛围，这是老旧街区其他建筑难以做到的。因此，老旧街区留下的牌坊作为特种构筑物应进行加以改造加固，发挥其展示老旧街区文化内涵的作用。

(a)   (b)

图 6.16　结构加固后的古牌坊

(a) 外景（一）；(b) 外景（二）

6.3　历史文物保护传承

6.3.1　历史文物保护原则与内容

6.3.1.1　保护原则

（1）延续建筑本体的保护原则。历史文物是不可复制且不可再生的一种历史资源，在历史的长河中积淀了丰富的文化与人文信息，所以保护历史文物就是保护文化遗产的重要措施之一。构成老旧街区的主要物质元素是建筑及其外部空间，历史文物与老旧街区属于个体与整体、局部与全部的关系。鉴于建筑承载的历史文化要素与人文信息，在老旧街区绿色重构时应避免因"危旧房改造""旧城改造"以及"基本建设工程施工"等原因对建筑本体造成损毁、损坏，拒绝保护性破坏。

（2）延续城区整体性保护原则。老旧街区历史环境的留存可以将建筑自身的历史价值与人们的现代化社会生活相融合，这对城市的发展和规范城市居民的行为都起着潜移默化的作用。保护老旧街区不仅是延续建筑价值的需要，而且是保护城市个性的需求。以建筑学的角度来看，建（构）筑物的不同布局，界定了街道的不同走向，继而营造出不同的城市肌理，所以整体性保护，在保护了老旧街区本体的同时，也保存了城市肌理。

（3）延续城市历史文化原则。城市历史文化是在城市漫长发展过程中的一种精神所在，是其独有的一部分，是人们产生对城市认同感和归属感的基础，人居环境的好与坏，是与城市文化的品味和特色密切相关的，越是高雅、深厚的城市文化，就越被视为一种理想的居住环境。城市文化的多样性依赖于城市的历史文脉，所以城市文化的断层与缺失势必会造成城市特色的丢失，进而与其他城市形象趋同，造成千城一面的结局。因此，人文主义理论下的城市街区建筑功能重构必然是以延续城市历史文化为原则的。事实上，任何视角下的城市更新、城市历史文化的延续，都是其改造、重构的基本原则。例如宁波外滩犹如一部活化的近现代史，其典型的风貌特色体现着它的历史文化价值，反映着城市历史发展的文化。

（4）贴近历史真实性原则。每个城市都有其自身的特色，由老旧街区的文化风貌构成，而老旧街区的文化风貌正是城市发展脉络的浓缩与沉淀，因此，在打造城市风貌性特色时应当努力挖掘街区历史的文化脉络，无论是具体的建筑风格演变，还是抽象的产业发展，都应尽可能还原当时的情与景，展现地区特殊的历史文化积累过程。例如我国台湾台南的"林百货"的重构利用，延续了建立之初的商业百货性质，以新的文创产业重构了建筑功能，真实还原了建筑的历史用途。

6.3.1.2 老旧街区重构历史文物保护内容

当我们面对老旧街区这片宝贵的历史区域时，我们不能仅仅保护其中一个建筑元素。相反，我们应该以一个整体进行推进，并扩展到与当地环境相适应的整体环境中。我们不能只关心老旧街区留给我们的历史文化，同时也要挖掘老旧街区的建筑所包含的传统文化，并加以继承和发展，不能单一地对建筑空间进行重构，应根据其空间特征进行功能定位与转换，赋予其新的价值，使其得到直接的保护。

A 老旧街区建筑模式及空间环境的重构

街区内的历史和文化建筑以及建筑群的空间格局是老旧街区最重要的部分。其包括建筑单元的外立面、内部空间和装饰、建筑群所围合的庭院和街道空间环境，应该对其特征风貌进行整体性保护。

街区内的建筑模式是数百年至数千年历史文化积淀的成果，记录了街区背景文化发展的变迁。每个细节都反映了街区所在城市的肌理和文化特征，街区的整体环境代表了当地的传统风格和特色，如图6.17、图6.18所示。因此，应该把整个街区的建筑和环境一起保护，以使这些具有时代历史意义的建筑更好地流传下去。

(a)　　　　　　　　　　　　　　　　　(b)

图 6.17　苏州山塘街建筑群外立面整体性重构外景

(a) 外景（一）；(b) 外景（二）

(a)　　　　　　　　　　　　　　　　　(b)

图 6.18　上海新天地建筑群外立面整体性重构外景

(a) 外景（一）；(b) 外景（二）

B　老旧街区人文环境及历史文脉传承的重构

在保护老旧街区时，不仅要保护建筑空间本身，还要保护旧城区街区所包含的传统民俗文化和非物质文化遗产。对老旧街区进行整体保护的根本目的是为了传承城市的历史文化，让人们走进老旧街区，感受城市强烈的历史风貌，感受鲜活的地域特色和传统民俗文化。就像上海田子坊所代表的上海弄堂文化，以及南京老门东秦淮河所代表的秦淮古文化，如图 6.19、图 6.20 所示。这些代表了区域传统文化的历史文化遗产，应该得到保护和发扬光大。

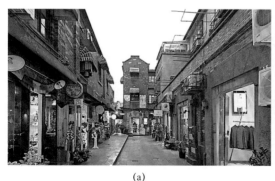

(a)　　　　　　　　　　　　　　　　　(b)

图 6.19　上海田子坊弄堂外景

(a) 外景（一）；(b) 外景（二）

(a)
(b)

图 6.20　江苏南京老门东外景

(a) 外景（一）；(b) 外景（二）

C　老旧街区整体空间环境的功能保护性重构

随着历史的发展和时代的变迁，现代城市的老旧街区与城市的整体环境发展不相适应，因此，在面对城市历史文化街区保护传承的问题时，要充分考虑在现代社会中老旧街区的生存和发展，这就需要精心设计老旧街区的整体空间环境，合理规划改造，从而给予老旧街区新的使用功能，使其融入现代城市，满足人们的生活需求（图 6.21、图 6.22）。这些被赋予新功能和新生活的老旧街区才能够更好地适应现代社会可持续发展的要求，真正回归其形成时期的历史意义，并获得真正的复兴。

(a)
(b)

图 6.21　四川成都宽窄巷子整体空间功能保护的重构

(a) 外景（一）；(b) 外景（二）

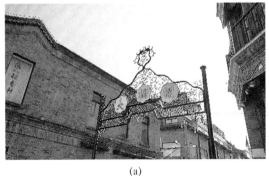

(a)
(h)

图 6.22　北京大栅栏街区整体空间功能保护的重构

(a) 外景（一）；(b) 外景（二）

6.3.2　历史文化保护与传承依据

老旧街区的历史文物保护传承是在保护老旧街区内建筑及其内在真实历史环境、延续城市历史的基础上，对老旧街区中的传统建（构）筑物、道路、景观等重要历史信息的载体进行保护。通过对其采取合理开发以达到继续利用的目的，因此对老旧街区的开发和利用要注重保护与传承，对有损老旧街区历史风貌价值的行为进行制止，科学合理地处理老旧街区的保护与现代化开发之间的关系，从而真正提升老旧街区的核心价值。

6.3.2.1　政策法规

目前，我国已经颁布实施的《中华人民共和国节约能源法》《中华人民共和国防震减灾法》等法律法规都对既有建筑的改造做出了明文规定，这些法律法规的发布与实施不仅对既有建筑改造起着重要的推动作用，还为既有建筑的保护与再利用提供了法律层面上的帮助。从相关的政策法规的出台来看，很多地方政府已经意识到老旧街区保护传承再利用具有十分重要的现实意义，同时针对相应政策瓶颈，开始了积极的探索。表 6.1 汇总了近年来各地方政府制定的与老旧街区保护再利用相关的政策法规，如表 6.1 所示，列举了部分城市的相关法规政策。

表 6.1　历史老旧街区相关保护传承政策

城　市	政策、法规名称	发文单位	年　份
北京	《南锣鼓巷历史文化街区风貌保护管控导则》	北京市人民政府	2016
	《北京历史文化街区风貌保护与更新设计导则》征求意见	市规划和自然资源委	2019
上海	《关于深化城市有机更新促进历史风貌保护工作的若干意见》	上海市城规管理局	2017
广州	《广州市历史文化名城保护条例》	广州市人民政府	2015
	《广州市历史建筑和历史风貌区保护办法》	广州市人民政府	2013
	《广州市旧城镇更新实施办法》	广州市人民政府	2015
深圳	《深圳市人民政府关于深入推进城市更新工作的意见》	深圳市人民政府	2014
青岛	《青岛市城市风貌保护条例》	青岛市人大常委会	2015
威海	《威海市城市风貌保护条例》	威海市人大常委会	2016
杭州	《杭州市工业遗产建筑规划管理规定》（试行）	杭州市人民政府	2012
	《杭州市历史文化街区和历史建筑保护条例》	杭州市人大常委会	2013
厦门	《厦门经济特区历史风貌保护条例》	厦门市人大常委会	2015

6.3.2.2 社会基础

在构建和谐社会的大前提下，任何地区的工程项目建设如果与当地居民的意愿背道而驰，不仅会造成不良的社会影响，也必然会导致投资方预想的经济收益无法实现，相反，如果工程项目建设的社会反响很好，也必然会使投资方经济收益有所增加，因此，社会效益与经济效益成正比例关系。

（1）社会文化对老旧街区保护传承再生重构设计的影响。城市上层建筑范畴包括了城市社会文化，而城市社会文化是城市群体思想意识及其作用下的社会反映。在改造中应体现人的存在和价值，创造性地重现和反映历史信息和文化情感的场所记忆。将这些老旧街区保护和再利用，作为"城市发展的见证"传承给后人，将带有时代记忆的老旧街区通过历史文化性塑造，改造成文化建筑是最好的展现方式。

（2）社会经济因素对老旧街区保护传承再生重构设计的影响。城市经济结构并不局限于城市生产方面，还包括城市物质、经济内涵在内，主要反映在城市土地、空间物质形态方面。历史老旧街区保护传承再生利用项目同样也受社会经济条件的制约，老旧街区保护再利用功能转型后可引入项目的收益大小也会直接影响各方的经济效益。

（3）技术条件对老旧街区保护传承再生重构设计的影响。将废弃的老旧街区及基础设施进行资源的重新整合利用，一方面可避免原址的彻底拆毁重建造成的资源消耗和浪费；另一方面，由于是在原建筑基础上进行改造，因而产生的建筑垃圾少，对环境的污染度低。

6.3.2.3 历史文化

没有历史的城市是没有吸引力的。作为历史的最好承载者和见证者，这些历史老旧街区中遗留下来的建筑和场所精神是一座城市发展历程的代表，是城市居民印象中的重要内容。它们在城市发展的道路上发挥了不可替代的作用，是社会记忆中不可缺少的一环。

（1）历史文化发展与传承角度。在城市发展史中，老旧街区作为城市的一部分，对促进城市发展具有功不可没的历史地位，是城市的重要组成部分。对老旧街区保护传承与再生利用，从根本上说，就是对其原有的使用功能进行重构和转换，是在原有历史建筑的结构特征和文化品质的基础上所进行的再生设计和建设，获取老旧街区特有的价值，对其加以利用并转化为未来的新活力，例如西安回民街区使用功能的重构和转换，如图6.23 所示。

（2）维护文化多样性与文化特色角度。老旧街区的保护与传承同时也是城市文化多样性的维护与城市文化特色的保护发展，老旧街区传承发展既有利于对原有历史时期文化风格的还原，也有利于城市文化的优化与传承。抓住文化发展的特点对老旧街区进行重构设计，可以最大化对原有建筑历史风貌进行保护传承，同时也可实现对老旧街区的再生利用，使其既满足现代社会生活需要又不丢失原有城市文化风格，最大程度维护城市文化的多样性及其文化特色，实现老旧街区保护传承与发展。例如对中山市老旧街区原有建筑历史风貌的保护与传承（图6.24）。

6.3.2.4 物质条件

在老旧街区周边整体环境中进行规划与设计的主客观实体要素内容，总体来说包括三

(a)

(b)

图 6.23 老旧街区地面环境质量的改善
(a) 外景（一）；(b) 外景（二）

(a)

(b)

图 6.24 中山市老旧街区原有历史风貌的保护与传承
(a) 外景（一）；(b) 外景（二）

大类，即老旧街区本体、老旧街区周边环境中的物质要素与非物质要素以及环境的影响要素。老旧街区本体及其自身的物质与非物质构成内容，是在整个的再生重构中占据绝对主导和控制地位的，这些物质与非物质元素对于周边建筑有视觉和主客观的影响，是环境改造和再生设计中原型要素的重要来源，也是对于环境空间未来的变化起着限制作用的主要因素。而老旧街区周边环境的物质要素和非物质要素，是保护传承与再生重构设计中规划师和建筑师等专业人员可以着重进行改造或者利用来进行设计的对象。其中，物质要素主要包括自然环境要素、人工环境要素两类；非物质要素主要是指民间传说、历史事件、传统风俗、传统技艺以及社会环境要素等内容。

　　因此，在老旧街区保护传承具体的规划设计中，应当对遗产环境当中的各种物质要素与非物质要素进行全面综合的分析研究，并落实到实体的建（构）筑物、街道环境、开放空间、景观小品等方面，通过实体要素反映老旧街区所包含的历史文化内涵和地域文化内涵，从而以人们可以直接视觉感受的方式营造出历史文化与周边环境的和谐统一，并具有深厚历史文化底蕴的整体空间环境。

6.3.3 历史街区的保护规划

历史街区的保护规划设计不能只是做一个孤立的系统，也不能只是一味地刻意模仿与呆板延续现有城市结构形态。相反，随着时代的发展，老旧街区应该具有承载城市岁月痕迹、延续历史文脉、让城市焕发活力的功能。老旧街区与城市是一个有机联系的整体，对于老旧街区的重构设计，只有把握好老旧街区在城市结构环境中的地位、布局和使用方式等功能性问题，才可以更好地发挥老旧街区特有的深厚社会文化内涵，从而使老旧街区标志性的空间魅力和历史底蕴充分发挥出来，获得使用价值上的最大化。

6.3.3.1 "冻结式"保护再生重构设计模式

这种模式是将恢复和修复该地区内的建筑物同人们的生活留存下来，供人们参观、学习和观光。这类街区路网格局、建筑风格、街道景观等物质元素不仅基本保存完好而且质量不会受到太大影响，其完整性也会更好；在非物质要素方面，生活习俗、文化、艺术，在不被破坏的前提下得到了很好的延续，受现代生活的影响较小，但这种街区通常远离城市主城区，基础设施不完备，生活水平较低，所以在选择这种模式时，应完全保留这些街区和城镇，在此基础上改善街区的基础设施，恢复街区的活力，如图 6.25 所示。

(a)   (b)

图 6.25   "冻结式"重构模式下的平遥古城与丽江古城
(a) 街景；(b) 外景

6.3.3.2 "拼贴式"保护再生重构设计模式

在历史悠久的城区，有许多这样的街区，其街道格局不变，保留着一部分传统风格，但缺乏基础设施，房屋简陋、人口密度大，例如西安城隍庙历史街区就属于这种类型，如图 6.26 所示。对于这样的历史街区，我们应该采取再生重构的方法，在保护现有风貌较完整、房屋质量较高的条件下，对破败严重、风貌尽失的建筑采取更新，以提高老旧街区风格的完整性，使得历史文物和新建筑在历史街区中共存，达到保护老旧街区的空间形态、延续历史文脉的目的。具体的保护方法包括保护、整修保存质量较好的传统建筑，保护街道格局及其空间尺度，限制建筑高度与控制建筑体量，改善基础设施、降低人口密度等。

6.3.3.3 "转换式"保护再生重构设计模式

由于老旧街区缺乏系统规划且人群密集，所以在老旧街区往往会存在较多的商业店铺，导致老旧街区的社会状况发生变化。居住在这些街区的人口中有一半以上是非本地居民，

(a)　　　　　　　　　　　　　　(b)

图 6.26 "拼贴式"重构模式下的西安城隍庙历史街区

(a) 外景 (一)；(b) 外景 (二)

而大多数原住民搬到新的居住区，只留下老人住在这里，所以老年人群占据的比例相比新住区更高。

以商业为主的老旧街区的商业对象不仅仅局限于该地区的居民，因此，保护方法应该与以居住为主要目的的老旧街区明显不同。对于这样的街区，应该适应时代的需要，在延续老旧街区功能特征的同时，结合其发展与城市的发展做出相应的功能调整，并在此基础上保留原有的历史特色和空间结构，适当扩大商业规模，改善商业环境，提高街区的经济水平，将老旧街区的文化效益、社会效益和经济效益统一起来。如成都锦里、武汉江汉路，都是非常成功的例子（图 6.27）。

(a)　　　　　　　　　　　　　　(b)

图 6.27 "转换式"重构模式下的成都锦里与武汉江汉路历史街区

(a) 成都锦里街区；(b) 武汉江汉路街区

6.4 街区绿化规划

6.4.1 街区绿化规划原则与内容

6.4.1.1 绿化规划原则

在街区绿化规划中坚持以人为本、因地制宜，在满足安全性的要求上，增加物质多样性，街区绿化的原则如图 6.28 所示。

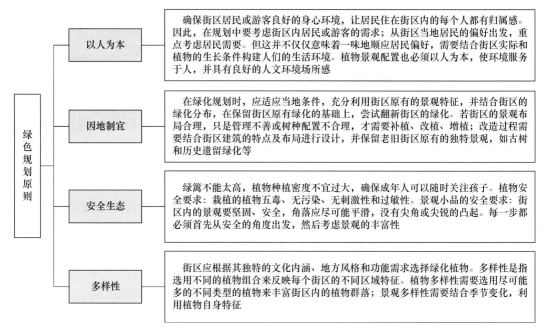

绿色规划原则

以人为本 —— 确保街区居民或游客良好的身心环境，让居民住在街区内的每个人都有归属感。因此，在规划中要考虑街区内居民或游客的需求；从街区当地居民的偏好出发，重点考虑居民需要。但这并不仅仅意味着一味地顺应居民偏好，需要结合街区实际和植物的生长条件构建人们的生活环境。植物景观配置也必须以人为本，使环境服务于人，并具有良好的人文环境场所感

因地制宜 —— 在绿化规划时，应适应当地条件，充分利用街区原有的景观特征，并结合街区的绿化分布，在保留街区原有绿化的基础上，尝试翻新街区的绿化。若街区的景观布局合理，只是管理不善或树种配置不合理，才需要补植、改植、增植；改造过程需要结合街区建筑的特点及布局进行设计，并保留老旧街区原有的独特景观，如古树和历史遗留绿化等

安全生态 —— 绿篱不能太高，植物种植密度不宜过大，确保成年人可以随时关注孩子。植物安全要求：栽植的植物五毒、无污染、无刺激性和过敏性。景观小品的安全要求：街区内的景观要坚固、安全，角落应尽可能平滑，没有尖角或尖锐的凸起。每一步都必须首先从安全的角度出发，然后考虑景观的丰富性

多样性 —— 街区应根据其独特的文化内涵、地方风格和功能需求选择绿化植物。多样性是指选用不同的植物组合来反映每个街区的不同区域特征。植物多样性需要选用尽可能多的不同类型的植物来丰富街区内的植物群落；景观多样性需要结合季节变化，利用植物自身特征

图 6.28　绿色规划的原则

6.4.1.2　街区绿化内容

具体来讲，街区绿化规划的内容，根据其不同功能特征可分为以下四大类：

（1）道路绿化。道路具有明确的导向性，其绿化特征应符合导向要求，并形成重要的视线走廊，达到移步景异的视觉效果，同时道路绿化种植及路面质地色彩也应具备韵律感和观赏性，如图 6.29 所示。

(a)　　　　　　　　　　　　　　　　　　　　(b)

图 6.29　老旧街区道路绿化

(a) 道路绿化（一）；(b) 道路绿化（二）

（2）场所绿化。街区场所包含各类硬质地面的场地空间，如散步小广场、儿童游戏场地等，如图 6.30 所示，该类场所绿化应当注重空间边界的设计，通过提供各类辅助性设施和多种合适的小空间，达到具有良好场所感和认同感的目的。

（3）植物景观。植物景观对住区环境空间的塑造、意境氛围的烘托以及维护生态平衡

(a)   (b)

图 6.30 老旧街区场所绿化

(a) 场所绿化（一）；(b) 场所绿化（二）

有着重要的作用。应当充分发挥植物的各种功能和观赏特点，通过合理配置以构成多层次的复合生态结构，达到小区植物群落的自然和谐，如图 6.31 所示。

(a)   (b)

图 6.31 老旧街区植物景观绿化

(a) 植物景观绿化（一）；(b) 植物景观绿化（二）

（4）其他类绿化。在街区绿化设计中还包括一些具备特殊使用功能的景观绿化，如设施类景观绿化、硬质景观绿化，如图 6.32 所示，这些绿化都成为街区整体景观环境营造不可或缺的重要组成部分。

(a)   (b)

图 6.32 老旧街区硬质景观绿化

(a) 硬质景观绿化（一）；(b) 硬质景观绿化（二）

6.4.2 绿化规划设计要点

6.4.2.1 街区文化元素的整合复兴

以往的老旧街区景观改造中，改造的趋同性造成街区文化元素与底蕴消失殆尽，街区居民逐渐丧失了区域的认同感和自豪感，因此在绿化规划设计中，街区原有文化元素的整合复兴变得至关重要。在规划中应当重视、利用当地的地域文化特色，表现出历史文化与地域特色的延续性，通过材质、色彩、景观构筑物等手段加以呈现，使街区文化获得新的生命，如图6.33所示。

6.4.2.2 本土植物的选择种植

对于绿化规划设计来说，植物选择至关重要。植物一方面可以给居民以亲切感，净化场地的空气质量，增强观赏美化价值，进而提高生活质量；另一方面合理的植物配置可以使原本衰落的老旧街区充满新的生命力。在老旧街区绿化规划中，需要对原有的植物景观进行分析梳理，妥善选择生长状况良好的本土植物，或者生长状况类似的景观植物进行配搭，主要原因是：首先，本土的景观植物生长状况良好，适应性强，成活率高；其次，后期的栽培和养护成本相对较低，节约人力、物力资源，如图6.34所示。

图 6.33　沈阳八卦街街区原有文化元素　　　　图 6.34　沈阳本土植物

6.4.2.3 疏导街区交通系统

老旧街区的道路交通系统通常保持了历史的形态，然而对于今日的交通状况而言，显然是比较窄的。对于国内大多数老旧街区而言，道路拓宽余地小、道路容纳能力不足、道路人车共用、道路系统经常堵塞是主要问题，如图6.35所示。在绿化规划中，应根据街区使用者的实际需要，实行人车分离系统、完善慢行交通系统，优化步行网络，建立人性化街区交通系统。

6.4.2.4 改善街区公共空间

在绿化规划中要重点关注改善街区公共空间，美国城市规划师、理论家凯文·林奇认为节点是激发街区活力、增加空间场所认同感的重点，在老旧街区景观改造范畴中，节点具体表现为公共空间。宏观来看，公共空间的改善一直是街区改造的重点，国内老旧街区不同程度存在公共空间的衰败、空间活力丧失现象，具体表现为空间利用率低、公共空间数量缺乏、公共空间环境品质下降等。由于大多数老旧街区原本公共空间规划数量就较少，大多数沿道路布置，随着私家车的普及，本就拥挤的道路与公共空间逐渐被侵蚀，加之存在空间的被侵占和不合理利用，使得公共空间丧失了原本备供人们交流、娱乐、休闲的功能。另外，一些街区原来单独设置的公共空间，则出现空间环境质量下降的现象，设施随意安装遮盖，建筑立面被破坏，影响了公共空间的视觉形象，降低了公共空间的吸引力，而且多数空间缺乏休息设施、活动设施，并且卫生环境差，缺乏绿地植被，人们不愿在此驻足。

充分利用街道的公共活动功能，不失为改善公共空间的一种可行办法。美国建筑师路易斯·康认为街道空间也应承担起公共空间的功能，因此街道不应该只表现出交通性的一面，也要强调其公共空间的特性，例如沈阳八卦街街区在绿色重构时就着重通过绿化来改善公共空间，为街区居民提供一处休闲、散步的独立空间，如图 6.36 所示。

图 6.35　沈阳八卦街街区道路　　　　图 6.36　沈阳八卦街公共空间绿化

6.4.2.5　营造良好人本环境

老旧街区绿化规划设计不仅要在总体规划层面保持着探索，也要从街区实际使用居民的自身现状与条件出发，配置完善的街区绿化体系，增加绿化设施，增加绿化景观、垂直绿化景观的设计，如图 6.37 所示。比如考虑到老人与残疾人的出行安全、娱乐需求设置残障步道及坡道、慢行交通系统、棋牌亭等人性化的设计，均传达出一种对人本环境的思考。在绿化规划中，应当自下而上进行设计考虑，努力营造充满人情味与生活气息的"人本环境"。

6.4.2.6　融合生态街道设计

生态街道设计是指在街道设计中应用生态技术或优化环境的方法营造生态、健康、绿色的街道生活空间。主要运用景观技术手段实现生态目的，结合景观中自然的部分，恢复环境的整体性，在满足人的需求的同时，注重生态的可持续性发展，寻求人和自然相处的平衡点。运用景观技术手段包括：适当的立面垂直绿化，屋顶绿化，发挥植物调节微气候、空气湿度、防尘减噪的功效，形成区域内良性的小气候循环系统，如图 6.38 所示；设置雨水综合管理系统；选用透水砖、植草砖、透水混凝土、卵石、合成纤维等环保节能材料以减少能源消耗；设置垃圾收集处理系统等。在老旧街区绿化规划设计中，有取舍地运用以上技术手段，尊重、保护原有的生态环境，建立良性的可持续的景观生态环境系统。

图 6.37　沈阳八卦街人性化绿化设计　　　　　图 6.38　立面垂直绿化

6.4.3　绿地规划设计

6.4.3.1　绿地规划设计

　　绿地可以为整个地区的社区交流、儿童娱乐、老年人活动以及管理和安全措施提供充足的条件。在街区的绿色植物配置中，有必要了解街区内不同年龄和文化背景的居民的实际需求，满足居民休闲、娱乐和街区居民自我完善的需要。在街区实际设计中，必须从人的需求出发。对于大部分居民普遍不喜欢的植物，要尽量少用；在孩子较多的地区，应选择一些无毒、无刺、无异味的树木；在拥有大量老年人的地区，可以选择一些味道清淡，对健康有益的树种，如图 6.39 所示。

(a)　　　　　　　　　　　　　　　　　　　　　　(b)

图 6.39　沈阳八卦街街区绿地
(a) 街区绿地 (一)；(b) 街区绿地 (二)

6.4.3.2　绿地植物配置规划设计

　　在植物种类的配置中，首先考虑植被的生态特性，根据当地条件调整植物生长特性，结合街区的生态环境和气候条件，尝试利用本土树种绿地在维护街区生态平衡，改善街区生态环境。其次，根据街区的现状，适当调查街区的通风、照明、建筑布局和绿化状况，尽可能在保留街区原有植物的基础上增加、减少或改变配置形式。街区内的植物群落应以改善街区生态环境和改善居民生活质量为基础，合理密植，协调树种之间的比例，如本土树种和外来树种、常绿与落叶的比例。在充分认识植物生态效益的前提下，合理配置街区植物，进行园林绿化造景，在街区内形成独特的生态空间，实现隐蔽、降噪、除尘和保健等生态效应，如图 6.40 所示。

(a)   (b)

图 6.40　武汉 77 文创谷天使街区本土绿地植物
(a) 绿地环境（一）；(b) 绿地环境（二）

6.4.3.3　绿地场景规划设计

在对老旧街区进行绿化改造时，应尽可能在有限的空间内创造无限的绿色空间。有限的户外空间是老旧街区的常见问题，如三角地带、停车场、墙壁、围栏、阳台、屋顶等。地面绿化、墙面绿化、阳台绿化、屋顶绿化等可用于提高街区的绿化率，非隐私的街区也可以通过拆除不必要的墙体后透出的绿色来增加街区的绿量，努力创造屋外有景、绿墙林立、百花争艳的绿色乐居街区，如图 6.41 所示。

(a)   (b)

图 6.41　绿地场景规划设计
(a) 景观（一）；(b) 景观（二）

6.4.3.4 绿地多样性规划设计

在植物配置设计中，要结合街区的实际情况，充分利用植物多样性和景观多样性，优化街区植物群落，丰富景观水平。例如，在展览馆和博物馆的植物区域，使用一些冷色调，可以突出显示庄严和肃穆的植物，并采用对植、列植等常规方式配置；艺术气息丰富的街区适合种植各种花色和不同叶色的植物，并采用混合种植方法配置；对于以老年人为导向的街区，有必要配置一些具有净化空气并散发香味的植物，并以自然方式配置。另外，应从安全角度考虑植物栽培和修剪方法，如图 6.42 所示。

(a)   (b)

图 6.42 绿地多样性规划设计
(a) 环境设计（一）；(b) 环境设计（二）

7 老旧街区社会文化安全规划

7.1 街区文化广场规划

7.1.1 广场平面布置

7.1.1.1 空间模式

街区文化广场空间模式是指街区的空间使用模式，不同的使用模式产生截然不同的尺度感，因此空间模式是塑造街区广场尺度的重要因素。其中分围合式和占有式两类。占有式街区指建筑位于街区的重要位置或几何中心，具有较强的外向型与异质性，如图7.1所示。反观围合式街区，其明晰的层次性可实现内外两种迥异的风格，即面向街道的界面具有较强的社会公共性，而内部界面则具有较强的场所感，是居民社会生活交往的良好平台，如图7.2所示。老旧街区不仅是居民生活娱乐的场所，而且创造了新的商业和社会价值，建立安全、宜人的步行环境是老旧街区设计的关键，因此，围合式空间是老旧城区普遍采用的空间使用模式。

图 7.1　占有式商业街区　　　　　　　　图 7.2　围合式商业街区

7.1.1.2 尺度塑造

广场空间一般位于步行商业街区的出口或入口处，也有设于中心或交叉路口处的，广场往往是商业街区人们集聚活动的高潮区，它是集休憩、娱乐、交往、观赏及饮食于一体的公共活动中心区，如图7.3、图7.4所示。

在商业街区中作为人们暂时逗留休息聚会、相互交往等活动的游憩广场，它的尺度是由其共享功能、视觉功能和心理因素综合考虑的，一般广场的长和宽以控制在 20~30m 范围内，间距在 300m 左右较为适宜。

| 图 7.3　美国加州时尚岛步行街区广场 | 图 7.4　步行街区中庭 |

　　广场空间的设计除了考虑功能上的分区（休息区、儿童游戏区、文化演出区等多种活动场所）外，在环境处理方面应布置观赏的街饰要素，如花坛、喷泉、雕塑等。各种广场大小应与其性质功能相适应，并与周围的建筑高度相协调。一个能满足人们美感要求的广场，应是既足够大，能引起开阔感，同时也足够小，能取得封闭感，如图 7.5 所示。若广场占地面积过大，以至周围建筑的界面与之不发生关系，就难于形成一个有形的、可感觉的空间而导致失败。大、空、散、乱是广场吸引力不足的主要原因，对这种广场就应采取一些措施来缩小其空间感。

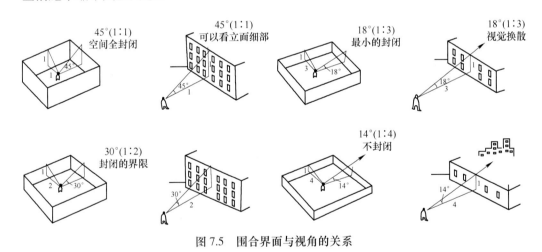

图 7.5　围合界面与视角的关系

　　当广场尺度一定（人的站点与界面距离一定时），广场界面的高度影响广场的围合感，同样由于步行商业街区属于强开发街区，土地利用率高，一般广场尺度较小、封闭感较强，如图 7.6 所示。

7.1.2　景观小品设计

　　景观小品是景观中的点睛之笔，一般体量较小、色彩单纯，对空间起点缀作用。小品既具有实用功能，又具有精神功能，包括建筑小品——雕塑、壁画、亭台、楼阁、牌坊等；生活设施小品——座椅、电话亭、邮箱、邮筒、垃圾桶等；道路设施小品——车站牌、街

(a)

(a)

图 7.6　尺度较小的街区广场
(a) 小广场（一）；(b) 小广场（二）

灯、防护栏、道路标志等。

　　景观中的艺术作品同其他的艺术形式相比，更加注重公共的交流、互动，注意"社会精神"的体现，将艺术与自然、社会融为一体，亦将艺术拉进大众化之中，通过雕塑、壁画、装置以及公共设施等艺术形式来表现大众的需求和生活状态。所以，从某种意义上来说，室外景观小品就是人们所说的公共艺术品。

7.1.2.1　布局原则

　　老旧街区的景观小品在创作过程中所遵循的设计原则，主要从以下几个方面来体现：

　　（1）地域性原则。在老旧街区景观小品设计布局过程当中，必须充分考虑当地的各项实际情况，比如天气条件、物质基础等。在设计和应用景观小品时，将景观小品的内涵和韵味发挥到极致，同时降低生产和管理成本，如图 7.7 所示。

　　（2）文化性原则。景观小品的设计和应用除了考虑自身的美观性，还应该体现其独有的风貌，融合当地的民俗文化，建立景观小品的文化属性和社会属性，赋予其丰富的文化内涵，如图 7.8 所示。这样的景观小品不仅能够反应街区居民的艺术品位和审美情趣，还能够展示街区景观的特色，甚至能够成为街区的地标。

图 7.7　废料再生

图 7.8　民俗文化

　　（3）协调性原则。街区景观的各个要素在视觉外观、审美内涵应该相互协调一致。景观小品作为街区景观的一个重要组成部分，也必须遵守景观协调性原则。老旧街区室外空间的各个元素并不是相互割裂的个体，而是相辅相成的关系。

景观小品的设计总体依托于街区环境，所以在设计小品时应充分考虑周边环境。设计步序首先从考察环境入手，其次根据考察结果有针对性地遴选设计方案、使用材料、外观造型、色彩搭配等。这样不仅能有效避免小品对街区景观造成视觉干扰，还能使其相互有机融合。景观小品的民俗风情和文化属性等因为不同的地域环境而呈现不同的面貌，所以在设计和应用景观小品时必须进行全面综合的考量。

7.1.2.2 艺术形式

景观小品与设施在景观环境中表现种类较多，具体包括雕塑、壁画、艺术装置、座椅、电话亭、指示牌、灯具、垃圾箱、健身、游戏设施、建筑门窗装饰灯。

A 雕塑

雕塑是指用传统的雕塑手法，在石、木、泥、金属等材料上直接创作，反映历史、文化和思想、追求的艺术品。雕塑分为圆雕、浮雕和透雕三种基本形式，现代艺术中出现了四维雕塑、五维雕塑、声光雕塑、动态雕塑和软雕塑等。装置艺术是"场地＋材料＋情感"的综合展示艺术，如图7.9所示。艺术家在特定的时空环境里，将日常生活中的物质文化实体进行选择、利用、改造、组合，以令其演绎出新的精神文化意蕴的艺术形态。

(a)   (b)

图7.9 场景性雕塑

(a) 雕塑（一）；(b) 雕塑（二）

B 座椅

座椅是景观环境中最常见的室外家具种类，供游人休息和交流。景观节点的座椅应设置在面对景色的位置，让游人休息的时候有景可观。座椅的形态有直线构成的，制作简单，造型简洁，给人一种稳定的平衡感；有纯曲线构成的，柔和丰满、流畅、婉转曲折、和谐生动、自然得体，从而取得变化多样的艺术效果；有直线和曲线组合构成的，刚柔并济，行神兼备，富有对比之变化、完美之结合、别有神韵。有仿生与模拟自然动物植物形态的座椅，与环境相互呼应，产生趣味和生态美，如图7.10所示。

C 指示牌

由于指示牌多设置在室外，在功能上需要防水、防晒、防腐蚀，所以在材料上，多采用铸铁、不锈钢、防水木、石材等，如图7.11所示。

(a)　　　　　　　　　　　　　　　(b)

图 7.10　多样座椅

(a) 座椅（一）；(b) 座椅（二）

(a)　　　　　　　　　　　　　　　(b)

图 7.11　指示牌

(a) 指示牌（一）；(b) 指示牌（二）

D　灯具

灯具也是景观环境中常用的室外家具，主要是为了方便游人夜行，点亮夜晚，渲染景观效果。灯具种类很多，分为路灯、草坪灯、水下灯以及各种装饰灯具和照明器。灯具选择与设计要遵守以下原则：功能齐备，光线舒适，能充分发挥照明功效；艺术性强，灯具形态具有美感，光线设计要配合环境，形成亮部与阴影的对比，丰富空间的层次和立体感；与环境气氛相协调，用"光"与"影"来衬托自然的美，如图 7.12 所示，并起到分割空间、变化氛围的作用；保证安全，灯具线路开关乃至灯杆设置都要采取安全措施。

E　垃圾箱

垃圾箱是环境中不可缺少的景观设施，是保护环境、清洁卫生的有效措施，垃圾箱的设计在功能上要注意区分垃圾类型，有效回收可利用垃圾，在形态上要注意与环境协调，如图 7.13 所示，并利于投放垃圾和防止气味外溢。

图7.12　灯具

图7.13　垃圾桶

F　游戏设施和健身设施

游戏设施在设计时注意考虑儿童身体和动作基本尺寸，以及结构和材料的安全保障，同时在游戏设施周围应设置家长的休息看管座椅。游戏设施较为多见的有：秋千、滑梯、沙场、爬杆、爬梯、绳具、转盘、跷跷板等，如图7.14所示。健身设施指能够通过动作锻炼身体各个部分的健身器械，健身设施一般为12岁以上儿童以及成年人所设置，如图7.15所示。在设计时要考虑成年人和儿童的不同身体和动作基本尺寸要求，考虑结构和材料的安全性。游戏设施和健身设施一般设置在街区主路的区域，环境优美、安全。

图7.14　游乐设施

图7.15　健身设施

G　门洞与窗洞

景观设计中的园墙、门洞、空窗、漏窗是作为游人向导、通行、景观的设施，也具有艺术小品的审美特点，如图7.16所示。街区意境的空间构思与创造，往往通过它们作为空间的分隔、穿插、渗透、陪衬来增加精神文化，扩大空间，使方寸之地能小中见大，并在街区艺术上又巧妙地作为取景的画框，随步移景，转移视线，又成为情趣横溢的造园障景。

7.1.3　街区文化宣传栏

文化宣传栏是一个宣传场所，是组织或企业单位等进行自我宣传的有效手段，常应用于社区街道、文化广场、街区出入口、活动中心或道路沿街等公共场所，如图7.17所示。

(a)　　　　　　　　　　　　　　　　(b)

图 7.16　景观门洞
(a) 景观（一）；(b) 景观（二）

(a)　　　　　　　　　　　　　　　　(b)

图 7.17　街区宣传栏
(a) 宣传栏（一）；(b) 宣传栏（二）

　　文化建设是一个庞大而复杂的社会工程，涵盖内容繁多。荣誉室、文化长廊、文化墙、宣传栏等都是常见且有效的文化建设形式，其中，文化宣传栏是最为直观最为有效的媒介之一。

7.1.3.1　造型设计

　　宣传栏是街区形象展示的重要板块，需要仔细规划设计其外立面造型，例如，材料的选择、设计元素需要从哪几个方面来展示街区的形象，板块划分、是否内置灯源发光等，如图 7.18、图 7.19 所示。

7.1.3.2　排版要求

　　宣传栏不仅要注意外形的设计，而且要关注箱体里的画面、内容的安排、整体的版面的和谐性和美观度。如版块的划分、字体的美观度、颜色的搭配、插图的设计等，不仅传达信息要清晰明了，直观醒目，也要让街区居民看到后赏心悦目，提高街区整体美感，如图 7.20 所示。

图 7.18　创意宣传栏（一）

图 7.19　创意宣传栏（二）

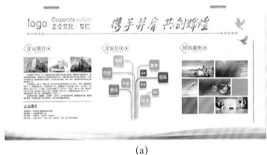

(a)

(b)

图 7.20　版面设计示例

(a) 宣传栏（一）；(b) 宣传栏（二）

7.1.3.3　安装位置

宣传栏具有对内对外传播两种作用，但以对内传播为主，它是企业报纸、企业杂志之外的重要宣传阵地。宣传栏建议摆放在街区最显眼的地方，如停车场、文化广场、活动中心两侧（图 7.21、图 7.22），用于向街区居民及游客及时传播新政策新思路等信息，从而能够引起广泛注意。

图 7.21　出入口处

图 7.22　停车场旁

7.2   街区出入口规划

7.2.1   街区出入口选择

街区出入口是连接不同空间的纽带，其具有较高的灵活性和可达性。街区出入口选择的合理性直接影响人们在使用街区空间时的步行感受，从而影响整个街区品质。因此，街区出入口的选择和设计至关重要，应满足以下几个功能需求。

7.2.1.1   通行需求

入口空间为出入人流提供通行路径的需求。老旧街区出入口空间作为连接外部空间与内部巷道交通的区域，成为"外部—内部—外部"转换空间的交通枢纽，其最基本的功能就是满足行人通行需求，使过往人流便捷、有效地进入或离开街区步行空间。这样的一个从已知区域通向未知区域的转化是由不同区域、不同方向、不同功能的路径承担，为出入口人流通过提供了清晰、便捷的方向引导，如图 7.23 所示。

人们的各种行为活动是城市空间环境存在的重要因素，老旧街区入口空间也是城市公共空间的一部分，人群的各种行为都可能发生，包括交往、休憩、停歇、娱乐、观赏等，如图 7.24 所示。

图 7.23　通行路径功能　　　　　　　图 7.24　活动场所功能

7.2.1.2   认知需求

标识性一般指人们通过视觉感官对客体物质的表象特征所反映出的认识性和可辨别性。出入口是人们对街区的第一印象，直接影响人们对街区环境的心理感受，因此老旧街区出入口的形象性和标志性对整个街区的吸引力尤为重要。出入口空间的标识设计能够帮助人们在城市这个大的空间中清晰、便捷地认知这个空间节点，对街区所处的区域位置进行确定，方便消费者快速到达老旧街区。因此，出入口空间应该为消费者提供有辨识性的空间特征，而出入口的标识性往往可以通过色彩、材质、尺度等要素的变化提高可识别性，如图 7.25 所示。

人们在城市公共空间中对区域空间的领域性尤为敏感，人们在从一个区域进入另一个区域的过程中，其心理感受发生着明显的变化，而老旧街区出入口空间的领域限定对游走于城市中的人群有着较强的认知感。这种认知感帮助人们在未进入街区之前，其心理状态已经逐步置身于街区空间之中，如图 7.26 所示。领域的划分往往通过高差、雕塑、边界等方式进行限定。

图 7.25　樟脑玩创意街区　　　　　　　　　图 7.26　领域认知需求

对于老旧街区来说，商业意境的规划尤为重要。一个优秀的老旧街区是否能够吸引更多消费者光顾、是否能够成为城市中知名的商业体，其商业气氛的渲染起到了至关重要的作用，如图 7.27 所示。因此，出入口空间更应该注重商业气氛的渲染，使街区的商业环境渗透到城市公共环境中，让城市人群感受到虽然未进入街区，但是已经参与到商业活动中。步行街出入口作为商业区的首要环节，商业意境的营造有助于激发消费者进入商业区的欲望，增添更多商机。

7.2.1.3　环境需求

舒适的购物环境无疑成为现代购物者调节情绪的重要因素，因此，人们从嘈杂的城市环境进入相对私密的街区环境需要在入口空间提供舒适的景观环境来缓解情绪的变化。更多的老旧街区出入口空间已经开始设置丰富、多样的景观环境，一方面给顾客提供轻松愉快的购物环境，另一方面也提升了老旧街区的整体形象。

视觉第一时间将所领会到的事物反映到人们的大脑当中，因此视觉所反映的事物将直接影响消费者的购物心理。入口空间一方面要塑造好自身的形象，另一方面要符合消费者的购物心理，入口建筑的颜色、铺地的花式、材料的选取、尺度的把握都将影响购物者的心理状态，因此老旧街区出入口空间应该提供宜人的视觉感观效果，如图 7.28 所示。

老旧街区出入口应该充分考虑区域的文化和特色，在入口处设置与步行街主题相匹配或是与区域人文相协调的设施，这有助于顾客在进入商业街之前对街区主题以及区域文化有所认知和领会，在购物的同时享受精神文化的熏陶。

7.2.2　街区出入口标志设计

老旧街区出入口空间作为城市公共空间的节点，应该成为公众意向。入口空间如何为每一个穿梭在城市之中的行人表现出其公共意向显得尤为重要，而这些公共意向是通过构

图 7.27　沈阳八卦街　　　　　　　　图 7.28　宜人的感观效果

成入口空间的各个实体要素反映到人的意识之中。

7.2.2.1　边界

边界是指除道路以外的线性要素，它们通常是两个地区的边界。边界会将无个性的空间变为个性鲜明、具有特殊氛围的场所要素。因此，会产生无数个不同规模、各具特色的边界。

老旧街区出入口空间根据需求、环境、认知的差异产生不同的边界。通常来讲出入口空间边界由围合入口的建筑边界、与城市空间（道路、街道、广场）相临的边线、与内部街区空间相连的边线组成，因此由于认知度的不同，很多步行街入口边界越来越模糊化，如图 7.29 所示。

　　　　　　　(a)　　　　　　　　　　　　　　　　　　　　(b)

图 7.29　多入口街区
(a) 街区（一）；(b) 街区（二）

7.2.2.2　区域

老旧街区出入口空间的区域主要是依靠入口的商业活动与周边城市活动的差异而形成的，商业活动的种种特征使它与周围的城市环境区分出来。而入口的区域往往由街区所处的地理位置、人们的需求度、街区的形制，甚至背景文化所决定，例如，上海南京路商业空间的形成和殖民时期的外滩租界是分不开的。街区出入口区域不一定会有明确肯定的界限，如图 7.30、图 7.31 所示，但是只要人们进入其中，就会感受到区域中强烈的商业气氛。对于整个商业环境而言，其入口区域感越强，对增加商业效益越有利。

图 7.30　上海市南京路　　　　　　　　　图 7.31　成都市春熙路

7.2.2.3　路径

路径是指主体在空间活动中的连续轨迹。最简单的路径通道是以出入口为媒介，将一个区域与另一个区域连接而成的线性空间。区域需要路径通道，而路径通道又会使场所焕发出新的活力。

老旧街区的出入口空间是对外及对内的连接点，对于入口空间承载的路径由两部分组成：第一部分来源于城市区域与入口区域连接的路径，这一部分路径主要作用是承担从城市各个区域交汇进入的人流；第二部分是入口区域与内部区域的连接，这一部分路径主要作用是将汇集到入口空间的人群快速引导进入街区内。因此对于入口空间而言，路径是人流导向的重要载体，是整个街区通行能力的保障。

7.2.2.4　景观

景观绿化是老旧街区出入口空间必有的设计要素，良好的景观绿化系统不仅能够美化步行街入口的空间环境，更重要的是能够满足消费者舒适、温馨的购物心态，吸引更多的人群参与到商业活动之中。街区入口空间的景观绿化体系应该包括植物、绿地、水、雕塑等，如图 7.32、图 7.33 所示。

在景观绿化设计中，不仅要考虑这些要素的完善，更应该注重各要素之间的搭配，例如色彩、尺度、植物种类、造型的搭配，只有将这些要素进行合理的构思才能够设计出与

图 7.32　雕塑　　　　　　　　　　　　图 7.33　绿植

入口的空间环境、主题思想、消费者的视觉心理相符合的空间意境。

7.2.2.5 基础设施

基础设施是街区出入口空间功能完善的重要保障，是老旧街区整体服务的体现。按照入口空间的功能需求应该包括以下几种设施：标识系统、信息系统、宣传系统、导购系统、警示系统、服务系统。下面重点介绍一下标识系统、信息系统和警示系统。

标识系统：解决信息传递、识别、辨别和形象传递等功能的整体解决方案。老旧街区出入口空间应该设有体现商业步行街形象、名称的标识设施，使老旧街区在城市中有清晰的辨别性。

信息系统：在老旧街区出入口处信息系统能够帮助消费者在未进入街区之前，了解老旧街区的基本信息，其一般包括主题思想、历史沿革、背景介绍、业态构成等，如图7.34所示。

警示系统：由于老旧街区属于公共性较强的场所，人流量较大，并且有较明确的限制性条例，因此一方面应该为车辆、消费者提供明确的警示标识，另一方面在紧急状态下警示系统能够为消费者提供援助，如图7.35所示。

图7.34　街区历史信息展示

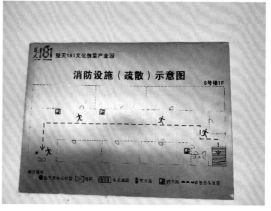

图7.35　消防疏散示意图

7.2.3　街区出入口设计要点

7.2.3.1　空间形态设计

老旧街区出入口空间形态的开放性主要是指功能和边界的开放。功能开放性主要是指入口空间能够满足人们进出街区时各种需求，包括驻足等候、观赏、休息等。边界的开放性是指入口围合区域的边界开放，使入口空间与内部和城市空间形成模糊性边界。相邻空间的交接不应该形成生硬的盲区，柔性的边界处理可以使区域之间互相辅助与渗透。街区出入口的空间形态建构柔性边界的做法有：

（1）形成半围合式空间布局形态，有较强的向心性和场所领域感。

（2）围合入口区域的建筑底层形成架空或是外廊式空间，一方面扩大了入口区域的通行范围，另一方面可为人们提供遮蔽、休息的静态空间。

（3）入口边界根据位置需求、边界进行凹凸退让，形成局部的阴角区域，使边界具有丰富变化，并且为人们提供相对私密的交流驻足区域。

（4）边界区域可以设置零散的商铺，商铺规模不宜过大，主要业态应该是以简单的茶饮为主的休闲场所，在外部可设座椅，增强了入口空间的亲切感。

（5）入口转角形成柔性边界，不宜形成直角甚至是锐角边界，最好形成弧形或切角式边界，使内外区域的连续性更强，同时具备较好的导向性。

（6）根据入口空间的规模，设计出有高差变化的区域广场或是通道，高差设计不宜过大。还可以设置一些线性的花坛、座椅等，形成舒适化的边界。

7.2.3.2 人流导向设计

入口空间的层次化设计有助于人流引导，并且通过调研分析得出不同的空间模式对于人流引导有着巨大的影响。因此，不同的入口空间的连接模式对应不同的路径引导设计要求，见表7.1。

表 7.1　路径引导对不同空间转换模式的设计要点

形 式	图 示	设 计 要 点
单向路径连接	城市空间—前沿空间—街区内部	（1）前沿空间可通过铺地变化、构筑物划分形成多条路径，使行人通过不同方向进入入口通道； （2）前沿空间可通过区域划分、景观小品等驻足区域，阻碍人流通行速度，使人不至于集中进入通道，缓解通行压力
多向路径连接	城市空间—前沿空间—街区内部	（1）前沿空间应该具备足够宽敞的区域尺度，同时注重与整个街区尺度的匹配； （2）前沿空间应该设有导购信息系统，为行人选择不同路径提供清晰的引导标识； （3）根据目的地的不同，路径尺度应该有所变化，有主次之分，多条路径总宽度应该控制在前沿空间的1/2左右
单向路径连接	城市空间—后续空间—街区内部	（1）应该加宽入口与城市的连接界面尺度，在水平和竖向空间上呈喇叭式布局，并且尽量柔化转角界界，增强斜向切入的路径； （2）入口通道与后续空间的距离应该尽量缩小，使人流快速进入后续缓冲空间，避免集中拥堵； （3）通道中不应该设置多余的实体构件以阻碍人流通行，一切标识系统设置在后续空间
多向路径连接	城市空间—后续空间—街区内部	（1）入口通道的设计要求与前者模式一致； （2）不同的是在后续空间应该增加景观环境要素，提供驻足、休息设施，更重要的是应该设有清晰、便捷的方向标识系统； （3）后续空间与路径的连接界面可以在尺度上小于入口通道，使得空间之间的连接更具层次性

形　式	图　示	设 计 要 点
单向路径连接	城市空间 — 前沿空间 — 通道 — 后续空间 — 街区内部	（1）前沿空间和后续空间应该有明显的功能分工，不同空间承担着相应的作用； （2）前沿空间与后续空间在尺度和规模上应该有所差异，前沿空间尺度应该大于后续空间； （3）针对多路径的连接，每条路径尺度都应该小于后续空间，并且路径方向的引导应该与具体的业态相结合，注重主次之分
多向路径连接	城市空间 — 前沿空间 — 通道 — 后续空间 — 街区内部	

以上从人流导向角度出发，对商业步行街入口空间的不同路径及空间转换模式进行分类，并且相应提出多层面的设计要求。除此之外，具体的入口空间路径设计，还应该根据商业步行街整体需求、所处的周边环境状况从多方面进行整体性设计。

7.2.3.3　空间尺度设计

在空间尺度设计中往往是以人的尺度为参考，以人的基本视觉和心理感受作为衡量标准。空间的视觉尺度设计是一个全方位、综合化的要求，不能仅仅对单一区域的尺度进行单独分析，通常前一个空间的尺度大小由下一个空间承担能力决定，前、后空间的尺度应该是匹配的。在街区入口空间的尺度设计中应该注重入口空间与城市空间尺度的匹配、入口空间与街区整体尺度的匹配、入口空间与内部街道的承载力相匹配，适宜的尺度应该综合考虑每个区域水平与垂直界面的关系，满足空间之间的水平界面尺度的同时，还要符合垂直界面的高度（H）与宽度（D）的比值关系。

7.3　街区服务中心规划

7.3.1　街区服务中心分类

街区服务中心指在老旧街区规划建设过程中建造于街区内或街区周边的建筑单体或群体，其建设目的在于为前来游览的游客提供更加便利的服务，其功能复杂多样，包括问询、接待、交通、餐饮、购物、展览、游客休憩以及街区管理工作人员的办公及住宿等，分类见表 7.2。

表 7.2　街区服务中心分类

序　号	分　类	实　例
1	综合服务	事务受理中心、社区服务中心
2	社会保障	救助站、社会保障卡受理点、医保事务受理、慈善捐助
3	医疗保健	社区卫生服务中心、人口与家庭指导站、康复治疗室、计划生育指导站
4	社区党建	党员服务中心、爱国主义教育基地
5	劳动就业	就业指导所、劳动保障事务所
6	社区文体	文化活动中心、居委活动室、体育俱乐部
7	司法援助	法律咨询服务站、法律事务所、信访接待处
8	社会治安	社会综治办、证件办理
9	教育科普	社区学校、阅览室、图书室
10	其他	慈善基金会、市民信箱、老年协会

　　当前我国的老旧街区规划的建设中心通常放在街区服务中心上，其建筑体量一般为一个街区建筑群中最大的一个，并将以游客接待为主到纪念品销售、景区特色展览等多种多样的功能集中于一体，因此街区服务中心往往成为服务类设施中最为主要的部分，成为一个街区的形象展示平台，如图 7.36 所示。

(a)　　　　　　　　　　　　　　　　　(b)

图 7.36　盈利性服务中心

(a) 外景（一）；(b) 外景（二）

　　另外街区中多存在福利性质的服务中心，如社区医院、活动中心等，是居民活动点，如图 7.37、图 7.38 所示。

7.3.2　街区服务中心空间布局

　　根据街区的地形特征以及服务中心建设场地条件的不同，街区服务中心的建筑空间布

图 7.37 社区医院

图 7.38 活动中心

局可以分为中心型、序列型、串联型和分散型四种类型。

7.3.2.1 中心型空间组织

中心式的建筑空间布局最为常见，被运用于各种类型的公共建筑设计之中，这种建筑空间上存在着一个明显的核心，其他次要空间围绕核心，平面关系和功能分区的设计比较简单，建筑也比较容易获得整体统一的效果。这类空间组织要求相对平坦开阔的场地条件，一般出现在平原型街区的服务中心以及修建在山麓地带的街区服务中心的设计中，核心空间则作为集散广场或大型展厅存在，如图 7.39 所示。

图 7.39 中心式建筑与场地关系示例

这种空间布局方式在功能实用、易于组织平面关系的同时，建筑的围合感与向心力过于强烈，建筑处于自我满足的状态，与周围的环境之间保持着一定的疏离感，这对中小型服务中心而言是明显的不利因素。在有需要或者场地条件更宜于建设中心式的建筑时，应该适当开放建筑的形体，消除中心式布局给建筑造成的闭合感，保持建筑与环境之间的联系，并通过材料、立面造型等其他方面表达场地特征。

7.3.2.2　序列型空间组织

轴线关系在建筑设计中运用得非常广泛，这一元素可以有效地组织起空间的序列感，对人流与视线产生引导作用，并突出强调轴线终端所指的地点。这类空间组织方式比较适用于多山地形的街区服务中心设计，建筑体块沿山体坡度序列排布，通过登山步道等垂直交通连成一个整体，表现出建筑与地形高度结合的姿态。在较为平坦的地形条件下运用序列式的空间组织方式，则要求建筑的内部序列与景观的序列之间保持关联性，达到建筑融入场地的地景化。

7.3.2.3　串联型空间组织

串联式的建筑空间布局在城市建筑中常被用于更加清晰地划分建筑的功能分区，建筑的内部空间按照功能被分为几个部分，其中以廊道、天桥等相互连接。

在服务中心建筑中组织串联式的空间，更多地关注建筑空间对场地条件的适应性变化。以特殊地形为主要自然资源的景观建设中，服务中心的选址常位于地势相对较平坦、交通便利山麓地带或缓坡上。在这种情况下对中小型游客服务中心的地景化设计主要的目的就是使建筑在规避开具有场地特征的地形时，仍然能够与场地相结合。

在运用串联式的空间组织将建筑分为一个主要功能体块以及一个或数个次要功能体时，为了便于使用，将建筑的主要功能体块布置在平坦地带，次要功能体块则根据地形条件布置在山坡等位置，两者之间以自由的线性交通进行串联。

这种做法既可保证建筑的实用性、控制技术难度与经济成本，同时也可保证建筑与场地之间的密切关联。例如美国的红石峡谷游客服务中心，建筑的主体功能部分位于山麓平地上，为游客提供各种便利服务，而建筑的部分展示区以及观景平台则位于山坡之上，两者之间以狭长的通道相互串联起来，建筑在满足基本服务功能的前提下，为游客提供了更好的展示空间、观景区域以及贴近自然的机会。

7.3.2.4　分散型空间组织

将街区服务中心作为多个建筑单体的组团，接待、展示、餐饮等功能完全独立设置，这样的空间布局有利于提高建筑队场地条件的适应性，并能有效控制建筑的体量，减少游客服务中心的建设对环境的影响。

7.3.3　街区服务中心设计要点

服务中心作为公共建筑的一种，还有一些与其他建设在城市地区的公共建筑不同的特别需求，尤其在人民群众文化生活水平不断提高而旅游资源又相当有限的今天，仅仅是功能布局上合理显然已经不能满足街区服务中心的设计要求。如何与环境友好共生，对敏感的自然资源进行保护，成为老旧街区规划设计亟待解决的问题。

7.3.3.1　流线设计

老旧街区建筑所要处理的往往是短时间内大规模集散的人流量，不合理的流线设计不仅会影响建筑的使用，降低人群的出行体验，还有可能导致一些安全问题。高层建筑人流的疏散存在种种不利的因素，为保证人流能够及时进行疏散，街区服务中心一般会设计为层数较低的多层建筑。为了便于使用，街区服务中心一般倾向于在水平方向上延展建筑形态或者增加建筑组团，从而形成连续性单方向的流线，建筑的各种功能按照一定的秩序串联在其中，对人流形成较强的引导性，如图 7.40 所示。

7.3.3.2　景观设计

景观这一概念既包括某一地区的自然景色，也包括人为景观。街区服务中心因为建造的场地特殊，位于老旧街区之内，自然应该属于景观的一种，街区服务中心的造型设计某种意义上来说也是一种景观设计。景观被人所欣赏，它存在的意义才会被认可，因此街区服务中心的造型设计出发点应该是游人的视线景观需求，如图 7.41 所示。

图 7.40　流线设计　　　　　　　　图 7.41　与街区相融的服务中心

建筑与自然环境的图底关系、行人在行进过程中所能看到的建筑的不同立面、建筑在远观时与环境的整体性、走近建筑时所能体验到的别致而不突兀的仪式感都是设计老旧街区服务中心时所要考虑的点。

7.3.3.3　体量适宜的需求

考虑街区服务中心的体量大小，最主要的限制性因素当然还是场地的大小和未来预计的客流量大小，但是当其位于街区之内时，也不得不考虑建筑与周边景观的相对尺度。过高过大的建筑体量，会使周边的树木、河流等自然景观看起来矮小、狭窄，造成不和谐的视觉感受，而扁平化的建筑形体，或者小而分散的建筑组团则比较有利于与建筑体量与场地内环境的和谐以及良好建筑氛围的塑造。

7.3.3.4　环境共生的需求

建筑是否能与环境友好共生，决定了建筑的介入到底是对原生态环境的一种破坏还是创造性的重塑。街区服务中心的建设出于对老旧街区的保护应该尽可能避免对场地环境的原貌造成过大的改变。比如当建筑位于原本是民居建筑的场地上时，应该尽可能采用小体量或者分散组团的方法避免对老旧街区生活氛围的破坏；建筑位于较为空旷平坦的地区时，应该抑制建筑高度，趋向扁平，以避免造成突兀的视觉感受，如图 7.42 所示。

(a)   (a)

图 7.42　与街区相融的服务中心
(a) 服务中心（一）；(b) 服务中心（二）

7.4　街区展馆规划设计

7.4.1　街区展馆建筑设计

老旧街区重在保护外观的整体风貌。不但要保护构成历史风貌的文物古迹、历史建筑，还要保存构成整体风貌的所有要素，如道路、街巷、院墙、小桥、溪流、驳岸乃至古树等。老旧街区是一个成片的地区，有大量居民在其间生活，是活态的文化遗产，有其特有的社区文化，不能只保护那些历史建筑的躯壳，还应该保存它承载的文化，保护非物质形态的内容，保存文化多样性。因此，街区内展馆的建筑设计可围绕地域风貌展开，包括民俗文化的表现手法、手工艺品的建筑演化以及地域自然风貌的重构。

7.4.1.1　民俗文化的表现手法

作为一种地域性的建筑，弄堂也只能在上海可以看到，也是上海区别于其他城市的特色建筑。但是，随着时代的不断发展，弄堂这样一种极具地域特色的建筑逐渐被一批批高楼大厦模样的现代化建筑所替代。现在上海城市中的弄堂建筑已经被拆得差不多了。而设计师的目的，就是以新地域主义的设计理念为指导，用现代建筑的设计方式重新演绎即将消失殆尽的弄堂建筑。最能代表上海城市肌理的，不只是外滩，也不一定是陆家嘴，而是成片的弄堂建筑，如图 7.43、图 7.44 所示，一种在现代化大都市的上海城市中几乎不见的本土建筑。

弄堂是集合式的住宅建筑，重复性是其最大的特征。尤其站在高点俯视，重复且错落有致的屋顶形成很强的韵律感，上海世博会主题馆的屋顶设计就是用现代构成式的设计手法对其进行象征性的演绎，如图 7.45 所示。

7.4.1.2　手工艺品的建筑演化

建筑外部形态设计中通过非线性形体表达方法，展示地域性元素，如图 7.46 所示。设计中，传统手工艺与现代技术相结合，让传统与现代不再相互对立。

图 7.43 田子坊弄堂文化

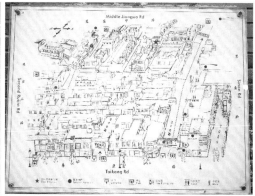
图 7.44 田子坊平面示意图

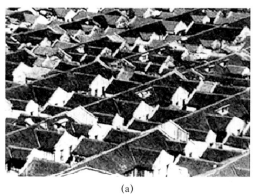
(a)

(b)

图 7.45 弄堂屋顶与上海世博会主题馆建筑屋顶
(a) 弄堂屋顶；(b) 主题馆屋顶

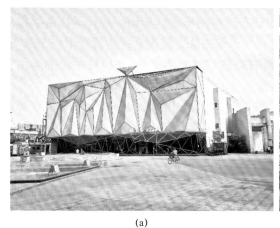
(a)

(b)

图 7.46 非线性表达
(a) 表达（一）；(b) 表达（二）

7.4.2 街区展馆空间特质

街区展馆建筑是一种独特的空间构成形态，它不仅是一个开放的、多功能的公共建筑，也是一座充满文化内涵和品位的艺术空间，了解其空间特性，有助于更好地开展建筑空间设计。这一空间形态包含室内与室外空间、流动与静止空间以及实体与虚体空间等，其建筑空间具有以下特性：

（1）空间的互补性。展馆空间既是人的参观空间，也是物的展示空间。空间的大小、形状由其围护物和其自身应具有的功能形式所决定，同时该空间也决定着围护物的形式，如图 7.47 所示，即"有形"空间与"无形"空间之间的辩证互补关系。设计者在进行空间设计时应考虑这种交叉互补的空间特性。

（2）空间的流动性。街区展馆的展示功能特点决定了空间的流动性。空间安排上的不同能引起参观过程中观众在展品、展位前逗留时间的差异，如图 7.48 所示，使整个大的环境张弛有序，富有变化。因此，空间设计要采用动态的、序列化的、有节奏的空间展示形式，达到合理的展区分布与线路的分配，从而给人带来良好的参观体验。

图 7.47　街区内展览馆　　　　　　　　　图 7.48　沿街展示

（3）空间的时间性。通常意义上的三维空间加上"时间"这一概念，就形成空间的四维特性。当前，许多展览馆出现了各种不同的动态陈列的形式，运用了现代科技的手段，利用现代声像技术、摄影技术、计算机模拟仿真技术等方法，使观众完全置身于一个真实感极强的虚拟空间之中，仿佛形成了一个跨越时空的"时光隧道"。高科技手段的运用，让观众以时间换取空间，得到更深入的参观体验。

（4）建筑立面造型。对于老旧街区的文化展馆建筑而言，建筑的外观形象非常重要，它不仅决定着建筑给人的审美观感，也决定着建筑本身的文化艺术品位。影响建筑外观最重要的因素是建筑表皮。所谓建筑表皮是指建筑内外空间界面处的构件及其组合方式的统

图 7.49　建筑外型设计

称。在现代建筑设计中，建筑表皮得到了创造性的运用，甚至成为独立于建筑空间之外的第二空间。一方面，表皮设计能增添建筑形式上的美感，提升建筑品位，如图 7.49 所示；另一方面，随着生态观念的发展和生态建筑的兴起，表皮被赋予保温隔热、通风、采光、隔声等诸多功能，建筑表皮的设计对于未来生态建筑的建造具有借鉴意义。

7.4.3 街区展馆设计要点

（1）再生与适应。老旧街区受到整体保护，为保持街区环境风貌，节约空间资源，街区内新建的文化艺术展馆建筑有相当一部分需要在既有建筑的基础上进行修复和改造，建筑的形制几乎不变，只进行少量内部空间调整，以达到适应城市肌理，保护历史街区文脉的目的。例如，苏州工艺美术博物馆的原址就是建于清代乾隆年间的"尚志堂吴宅"，属于苏州控制性保护建筑，如图 7.50 所示，通过修缮，修旧如旧，仅将室内改造成展示空间，整体空间结构几乎未做改动。

(a)   (b)

图 7.50　苏州工艺美术博物馆

(a) 入口；(b) 工艺品

（2）提炼与整合。将具有代表性的地域性建筑空间形态提炼出来，与展馆空间相互整合，创造出新的空间形态。在空间布局、空间组织方式、空间色彩等多个方面运用提炼与整合的创造手法。

（3）拼贴与重构。打散地域性建筑固有的空间组合模式，形成多个空间局部，通过拼贴与置换，重新构建新的建筑空间。例如乌镇的矛盾纪念馆的建筑设计风格，在空间布局上借鉴了江南民居的建筑布局，面街向南，主体是两开间四进深的二层楼房，如图 7.51 所示。

(a)   (b)

图 7.51　乌镇矛盾纪念馆

(a) 街区；(b) 入口

（4）融合与共生。在当今全球经济一体化、全球信息网络化的环境下，人们发现将"传统与现代""东方与西方""地域性与国际性"等截然分开的二元对立思维方法已经过时。在许多场合它们相互融合、相得益彰，并且满足了人们多元的物质与精神需求。在建筑空间设计中，新材料、新技术的运用将国际性与地域性文化相互转化，在对立要素的共融共生中实现观念的更新和拓展。

参 考 文 献

［1］李勤，胡炘，刘怡君. 历史老城区保护传承规划设计 [M]. 北京：冶金工业出版社，2019.

［2］李勤. 历史街区保护规划案例教程 [M]. 北京：冶金工业出版社，2016.

［3］高洁. 天津市近代外来历史文化街区的绿色防灾策略研究 [D]. 天津：天津大学，2012.

［4］刘贺楠. 基于城市文化的历史街区交通规划设计 [J]. 智库时代，2019 (23):288, 294.

［5］韩东松. 基于城市安全的旧城区规划策略与实施路径研究 [D]. 天津：天津大学，2014.

［6］王健伟. 老旧街区景观改造设计研究 [D]. 天津：河北工业大学，2016.

［7］孙祎璐. 传统街区建筑再生设计研究 [D]. 郑州：郑州大学，2017.

［8］黄丹. 景德镇御窑厂周边片区中历史街区的保护与更新研究 [D]. 南昌：南昌大学，2018.

［9］邸琦. 城市特色塑造视角下的历史街区再生设计研究 [D]. 天津：河北工业大学，2015.

［10］陈艾. 基于可持续发展视角的历史文化街区价值评估研究 [D]. 重庆：重庆大学，2015.

［11］林静雅. 历史文化街区空间环境保护与利用研究 [D]. 荆州：长江大学，2017.

［12］白天宇. 公众参与下历史文化街区环境的有机更新 [D]. 北京：北京服装学院，2019.

［13］郝琦. 城市历史街区的三维地下管网综合设计研究 [D]. 西安建筑科技大学，2014.

［14］黄明玉. 文化遗产的价值评估及记录建档 [D]. 上海：复旦大学，2009.

冶金工业出版社部分图书推荐

书　名	作　者	定价（元）
冶金建设工程	李慧民　主编	35.00
土木工程安全检测、鉴定、加固修复案例分析	孟　海　等著	68.00
历史老城区保护传承规划设计	李　勤　等著	79.00
岩土工程测试技术（第2版）（本科教材）	沈　扬　主编	68.50
现代建筑设备工程（第2版）（本科教材）	郑庆红　等编	59.00
土木工程材料（第2版）（本科教材）	廖国胜　主编	43.00
混凝土及砌体结构（本科教材）	王社良　主编	41.00
工程结构抗震（本科教材）	王社良　主编	45.00
工程地质学（本科教材）	张　荫　主编	32.00
建筑结构（本科教材）	高向玲　编著	39.00
建设工程监理概论（本科教材）	杨会东　主编	33.00
土力学地基基础（本科教材）	韩晓雷　主编	36.00
建筑安装工程造价（本科教材）	肖作义　主编	45.00
高层建筑结构设计（第2版）（本科教材）	谭文辉　主编	39.00
土木工程施工组织（本科教材）	蒋红妍　主编	26.00
施工企业会计（第2版）（国规教材）	朱宾梅　主编	46.00
工程荷载与可靠度设计原理（本科教材）	郝圣旺　主编	28.00
流体力学及输配管网（本科教材）	马庆元　主编	49.00
土木工程概论（第2版）（本科教材）	胡长明　主编	32.00
土力学与基础工程（本科教材）	冯志焱　主编	28.00
建筑装饰工程概预算（本科教材）	卢成江　主编	32.00
建筑施工实训指南（本科教材）	韩玉文　主编	28.00
支挡结构设计（本科教材）	汪班桥　主编	30.00
建筑概论（本科教材）	张　亮　主编	35.00
Soil Mechanics（土力学）（本科教材）	缪林昌　主编	25.00
SAP2000结构工程案例分析	陈昌宏　主编	25.00
理论力学（本科教材）	刘俊卿　主编	35.00
岩石力学（高职高专教材）	杨建中　主编	26.00
建筑设备（高职高专教材）	郑敏丽　主编	25.00
岩土材料的环境效应	陈四利　等编著	26.00
建筑施工企业安全评价操作实务	张　超　主编	56.00
现行冶金工程施工标准汇编（上册）		248.00
现行冶金工程施工标准汇编（下册）		248.00